平成３０年

木材需給報告書

大臣官房統計部

令 和 2 年 1 1 月

農林水産省

目　次

〔関　連　統　計〕

利用者のために

木材需給報告書は、木材統計調査及び木材流通統計調査のうち木材価格統計調査の結果から、我が国の木材需給、木材産業及び木材価格の動向を総合的に編集したものである。

1　調査の目的

(1)　木材統計調査

素材生産並びに木材製品の生産及び出荷等に関する実態を明らかにし、森林・林業行政の推進等に資する資料を整備することを目的とする。

(2)　木材流通統計調査（木材価格統計調査）

毎月の木材の価格水準及びその変動を的確に把握し、木材の需給及び価格の安定等流通改善対策等の推進に資することを目的とする。

2　調査の根拠

木材統計調査は統計法（平成19年法律第53号）第９条第１項の規定に基づく総務大臣の承認を受けて実施した基幹統計調査であり、木材流通統計調査は同法第19条第１項の規定に基づく総務大臣の承認を受けて実施した一般統計調査である。

3　調査機関

(1)　木材統計調査

農林水産省大臣官房統計部及び地方組織を通じて実施した。

(2)　木材流通統計調査（木材価格統計調査）

農林水産大臣が委託した民間事業者（以下「民間事業者」という。）を通じて実施した。

4　調査の体系

- 木材統計調査
  - 基礎調査（年次調査）
  - 月別調査
    - 製材月別調査（毎月調査）
    - 合単板月別調査（毎月調査）
- 木材流通統計調査
  - 木材価格統計調査
    - 素材・木材チップ価格調査（毎月調査）
    - 木材製品卸売価格調査（毎月調査）
  - 木材流通構造調査（周期年調査（５年周期））

注：　木材流通構造調査の調査結果については、別途『平成30年木材流通構造調査報告書』に掲載する。

5　調査の範囲と対象

(1)　調査の範囲

ア　木材統計調査

(ｱ)　基礎調査

全国

(ｲ)　製材月別調査

全国の製材用素材消費量のおおむね８割を占めるまでの上位都道府県及び国有林材供給調整対策において重点的に生産・消費動向の把握をする都道府県

(ｳ)　合単板月別調査

全国

イ　木材流通統計調査（木材価格統計調査）

(ｱ)　素材・木材チップ価格調査

木材統計調査結果に基づき、調査品目ごとに素材消費量又は入荷量（木材チップについては木材チップ生産量）全体のおおむね80％をカバーする都道府県

(ｲ)　木材製品卸売価格調査

木材統計調査結果に基づき、木材流通業者（木材市売市場、木材センター及び卸売業者）における販売量が多く、かつ木材流通上主要な10都道府県

(2)　調査の対象

ア　木材統計調査

(ｱ)　基礎調査

製材工場（製材用動力の出力数が7.5kW以上の工場）、木材チップ工場、合単板工場、ＬＶＬ工場、集成材工場及びＣＬＴ工場であって、調査年の12月31日現在で事業を行っているもの及び休業中であってもその休業期間の開始時期が調査年の 10 月１日以降であるものを対象とした。

(ｲ)　製材月別調査

製材工場（製材用動力の出力数が7.5kW以上の工場）を対象とした。

(ｳ)　合単板月別調査

合単板工場を対象とした。

イ　木材流通統計調査（木材価格統計調査）

(ｱ)　素材・木材チップ価格調査

製材工場、合単板工場及び木材チップ工場を対象とした。

(ｲ)　木材製品卸売価格調査

木材市売市場、木材センター及び卸売業者を対象とした。

6　調査対象者の選定

(1)　木材統計調査

ア　基礎調査

(ｱ)　製材工場

都道府県別に、調査年の前年に操業実績があった工場（以下「既存工場」という。）を、調査年の前年の素材消費量により、次のａからｃに示す規模階層並びに新規調査階層に区分を行った上で、調査対象工場を抽出した。

なお、既存工場数が３以下の都道府県においては、規模階層区分は行わず既存工場全てを第１階層の調査対象工場として抽出した。

このほか、調査年に新規に操業を開始又は操業を再開した工場（以下、「新設・再開工場」という。）は、全てを調査対象工場とした。

a　第１階層

既存工場を素材消費量の最も多い工場から順に配列し、その累積素材消費量がその都道府県の素材消費量の70％を上回るまでの製材工場とし、この階層はその全ての工場を調査対象工場とした。

b　第２階層

既存工場を素材消費量の最も多い工場から順に配列し、その累積素材消費量がその都道府県の素材消費量の90％を上回るまでの工場から第１階層に属する工場を除いた製材工場とし、この階層は標本調査を行った。

調査対象工場数は素材消費量の合計がその都道府県の素材消費量の８％となるように次の計算式により算出し、第２階層に属する工場を素材消費量の多い工場から順に配列した一覧表を用いて、系統抽出の方法により調査対象工場を抽出した。

$$\text{調査対象工場数} = \frac{\text{素材消費量(都道府県計)} \times 0.08(8\%)}{\text{第2階層の1工場当たりの素材消費量(平均)}}$$

c　第３階層

既存工場のうち、第１階層及び第２階層に属する製材工場以外の製材工場とし、この階層は標本調査を行った。

調査対象工場数は素材消費量の合計がその都道府県の素材消費量の２％となるよう次の計算式により算出し、第３階層に属する工場を素材消費量の多い工場から順に配列した一覧表を用いて、系統抽出の方法により調査対象工場を抽出した。

$$\text{調査対象工場数} = \frac{\text{素材消費量(都道府県計)} \times 0.02(2\%)}{\text{第3階層の1工場当たりの素材消費量(平均)}}$$

d　新規調査階層

新設・再開工場を新規調査階層とし、この階層はその全ての工場を調査対象工場とした。

(ｲ)　木材チップ工場

都道府県別及び兼営区分別（木材チップ専門工場、製材工場又は合単板工場等との兼営工場の別をいう。以下同じ。）に、既存工場については、調査年前年の木材チップ生産量により、それぞれ(ｱ)のａからｃまでに準じ規模階層区分を行った上で、調査対象工場を抽出した。

このほか、新設・再開工場については新規調査階層とし、全ての工場を調査対象工場とした。

なお、既存工場数が３以下の都道府県においては、規模階層区分は行わず既存工場全てを第１階層の調査対象工場として抽出した。

(ｳ)　合単板工場

都道府県別及び工場類型別（単板専門工場、普通合板工場及び特殊合板専門工場の別をいう。以下同じ。）に、既存工場については単板専門工場は調査年前年の単板製造用素材入荷量、普通合板工場は調査年前年の普通合板生産量、特殊合板専門工場は調査年前年の特殊合板生産量により、それぞれ(ｱ)のａからｃまでに準じ規模階層区分を行った上で、調査対象工場を抽出した。

このほか、新設・再開工場については新規調査階層とし、全ての工場を調査対象工場とした。

なお、既存工場数が３以下の都道府県においては、規模階層区分は行わず既存工場全てを第１階層の調査対象工場として抽出した。

(ｴ)　ＬＶＬ工場

既存階層（既存工場）及び新規調査階層（新設・再開工場）に区分し、それぞれ全ての工場を調査対象工場とした。

(ｵ)　集成材工場

全国の集成材工場を既存工場については、調査年前年の集成材生産量により、それぞれ(ｱ)のａからｃまでに準じ規模階層区分を行った上で、調査対象工場を抽出した。

このほか、新設・再開工場については新規調査階層とし、全ての工場を調査対象工場とした。

(ｶ)　ＣＬＴ工場

既存階層（既存工場）及び新規調査階層（新設・再開工場）に区分し、それぞれ全ての工場を調査対象工場とした。

イ　製材月別調査

調査対象工場数は、都道府県別に、素材消費量を指標とする標準誤差率（目標精度）が10％となるよう次の計算式により算出した。

$$n = \frac{n_0}{1+\frac{n_0}{N}}$$

ただし

$$n_0 = \frac{Cx^2 + Cy^2 - 2\rho CxCy}{\varepsilon^2}$$

$$Cx = \frac{\sigma x}{\bar{x}} \qquad \rho = \frac{\sigma xy}{\sigma x \sigma y}$$

$$Cy = \frac{\sigma y}{\bar{y}}$$

n：調査対象工場数
N：母集団の大きさ
ε：目標精度
x：素材消費量の実査値（月別）
y：素材消費量の前年の実査値
σx：ｘの標準偏差
σy：ｙの標準偏差
$\bar{x}$：ｘの平均
$\bar{y}$：ｙの平均
ρ：ｘとｙの相関係数
σxy：ｘとｙの共分散

標本の抽出は、都道府県別に既存工場を母集団整備の過程で把握した調査年前年の年間素材消費量の多い順に並べ、全数調査階層（累積素材消費量がその都道府県の素材消費量の30％を占めるまでの製材工場）と標本調査階層（全数調査階層以外）に区分し、全数調査階層は全ての工場を調査対象とし、標本調査階層は調査対象数の合計から全数調査階層の調査対象数を除いた数を系統抽出により標本として抽出した。

なお、算出した都道府県別の全数調査階層の工場数が５工場以下の場合は、年間素材消費量の上位５工場を全数調査階層とした。

また、新設工場は新規調査階層とし、工場の操業が開始された時点で当該月分の調査を行い、この階層については全てを調査対象工場とした。

ウ　合単板月別調査

都道府県別に既存工場を単板専門工場は調査年前年の単板製造用素材入荷量、普通合板工場は調査年前年の普通合板生産量、特殊合板専門工場は調査年前年の特殊合板生産量について、それぞれそれらの量（いずれについても母集団整備の過程で把握した値）の多い工場から順に並べ、それぞれの量の85％を上回るまでのものを既存工場階層とし、その全てを調査対象工場とした。

また、新規に操業を開始し、又は操業を再開した工場は新規調査階層とし、工場の合単板の生産が開始された時点で当該月分の調査を行い、この階層については全てを調査対象工場とした。

(2)　木材流通統計調査（木材価格統計調査）

ア　素材・木材チップ価格調査

木材統計調査工場一覧表（製材工場、合単板工場及び木材チップ工場）を使用して、調査対象都道府県のうち、調査する品目の取扱量が多く、かつ、その取扱量が年間を通じて変動が少なく、継続して調査が可能な客体を選定した。

イ　木材製品卸売価格調査

木材市売市場、木材センター及び卸売業者名簿を使用して、調査対象都道府県のうち、調査する品目の取扱量が多く、かつ、その取扱量が年間を通じて変動が少なく、継続して調査が可能な客体を選定した。

調査種類別調査対象数

木材統計基礎調査											
製材に係る調査				合単板に係る調査				木材チップに係る調査			
母集団の大きさ	調査対象数	有効回収数	有効回収率	母集団の大きさ	調査対象数	有効回収数	有効回収率	母集団の大きさ	調査対象数	有効回収数	有効回収率
工場	工場	工場	%	工場	工場	工場	%	工場	工場	工場	%
4,654	1,644	1,471	89.5	186	129	121	93.8	1,339	824	824	100.0

木材統計基礎調査											
ＬＶＬに係る調査				集成材に係る調査				ＣＬＴに係る調査			
母集団の大きさ	調査対象数	有効回収数	有効回収率	母集団の大きさ	調査対象数	有効回収数	有効回収率	母集団の大きさ	調査対象数	有効回収数	有効回収率
工場	工場	工場	%	工場	工場	工場	%	工場	工場	工場	%
11	11	11	100.0	168	67	67	100.0	9	9	7	77.8

製材月別調査			合単板月別調査			木材価格統計調査					
						素材・木材チップ価格調査			木材製品卸売価格調査		
調査対象数	有効回収数	有効回収率	調査対象数	有効回収数	有効回収率	調査対象数	有効回収数	有効回収率	調査対象数	有効回収数	有効回収率
工場	工場	%	工場	工場	%	工場	工場	%	業者	業者	%
519	519	100.0	72	72	100.0	291	290	99.7	64	64	100.0

7　調査期日

(1)　調査期日

ア　木材統計調査

(ア)　基礎調査

平成 30 年 12 月 31 日現在で、過去１年間の状況について調査した。

(イ)　製材月別調査及び合単板月別調査

毎月末日現在で、過去１か月間の状況について調査した。

イ　木材流通統計調査（木材価格統計調査）

毎月 15 日現在の価格を調査した。

ただし、15 日に取引がなかった調査品目については、15 日に最も近い日の取引について調査した。

(2)　調査票の配布・回収

ア　木材統計調査

(ア)　基礎調査

調査票の配布：平成 30 年１月上旬

調査票の回収：平成 30 年１月 11 日～２月末日

(ｲ)　製材月別調査及び合単板月別調査
調査票の配布：平成 30 年１月上旬（１年分を一括して配布）
調査票の回収：調査実施月の 16 日

イ　木材流通統計調査（木材価格統計調査）
調査票提出期限：毎月 20 日

８　調査事項

(1)　木材統計調査

ア　基礎調査

製材に用いる動力の出力数、素材の入荷量、消費量及び在庫量、製材品の出荷量及び在庫量、木材チップの生産量及び在庫量、合板及びＬＶＬの単板消費量、生産量及び在庫量、集成材及びＣＬＴのラミナ消費量、生産量及び在庫量

イ　製材月別調査

製材に用いる動力の出力数、素材の入荷量、消費量及び在庫量並びに製材品の生産量、出荷量及び在庫量、製材用素材の消費見込量

ウ　合単板月別調査

素材の入荷量、消費量及び在庫量並びに合板の入荷量、生産量、出荷量、消費量及び在庫量

(2)　木材流通統計調査（木材価格統計調査）

ア　素材・木材チップ価格調査

素材の購入価格、パルプ向け木材チップの工場渡し価格及び価格変動の要因

なお、価格には消費税を含む（イにおいて同じ。）。

製材工場、合単板工場及び木材チップ工場における素材の工場着価格、木材チップ工場におけるパルプ向け木材チップの工場渡し価格、消費税区分、素材購入価格の対前月差、木材チップの販売価格の対前月差、価格変動の要因

イ　木材製品卸売価格調査

木材製品の販売価格、消費税区分、木材製品販売価格の対前月差及び価格変動の要因

９　調査方法

(1)　木材統計調査

ア　基礎調査

郵送若しくはオンラインにより調査票を配布し、回収する自計調査の方法、又は、統計調査員が調査票を配布し回収する自計調査の方法により行った。

ただし、報告者が面接聞き取り調査による調査を希望した場合は、統計調査員による面接（他計報告）により行った。

イ　製材月別調査及び合単板月別調査

調査票を郵送、ＦＡＸ又はオンラインにより配布し、回収する自計報告の方法で実施した。

(2)　木材流通統計調査（木材価格統計調査）

農林水産大臣が委託した民間事業者が調査票を郵送、オンライン又はＦＡＸにより配布し、回収する方法で実施した。

10　集計方法

本調査の集計は、大臣官房統計部生産流通消費統計課において行った。

(1) 木材統計調査

ア　基礎調査

推定は、製材工場、合単板工場及び木材チップ工場については、都道府県別に(ア)から(ウ)により推定を行い、全国結果は、都道府県結果を合計して算出した。

ＬＶＬ工場、集成材工場及びＣＬＴ工場については、(エ)、(オ)及び(カ)のとおり全国結果を算出した。

なお、工場数の集計結果については、調査対象工場の選定に当たって作成した「工場一覧表」を用いて、都道府県別、製材用動力の出力規模別等に算出した。

製材用動力の出力規模階層別の結果については、調査票データを出力規模階層別に組替えて集計した。

(ア)　製材工場

推定は、都道府県別に次の推定式により行った。

$$X = \sum_{i=1}^{L} \frac{\sum_{j=1}^{n_i} x_{ij}}{\sum_{j-1}^{n_i} y_{ij}} Y_i + S + P$$

X : 当該項目（x）の合計値の推定値
L : 標本調査階層（規模階層の第２階層及び第３階層）の数
ni : 標本調査階層の i 番目の階層の標本工場数
xij : 標本調査階層の i 番目の階層の j 番目標本工場の当該項目（x）の値
yij : 標本調査階層の i 番目の階層の j 番目標本工場の調査年前年の素材消費量
Yi : 標本調査階層の i 番目の階層の調査年前年の素材消費量
S : 第１階層の当該項目（x）の合計値
P : 新規調査階層の当該項目（x）の合計値

(イ)　木材チップ工場

推定は、兼営区分別に次の推定式により行い、兼営区分別の推定値を合計して全体の推定値とした。

なお、推定式中の「yij」及び「Yi」については、木材チップ用素材に関する項目の推定にあっては「木材チップ用素材の入荷量」、木材チップ生産量に関する項目の推定にあっては「木材チップ生産量」を用いた。

$$X = \sum_{i=1}^{L} \frac{\sum_{j-1}^{n_i} x_{ij}}{\sum_{j=1}^{n_i} y_{ij}} Y_i + S + P$$

X : 当該項目（x）の合計値の推定値
L : 標本調査階層（規模階層の第２階層及び第３階層）の数

ni：標本調査階層の i 番目の階層の標本工場数
xij：標本調査階層の i 番目の階層の j 番目標本工場の当該項目（x）の値
yij：標本調査階層の i 番目の階層の j 番目標本工場の調査年前年の木材チップ用素材の入荷量（木材チップ生産量）
Yi：標本調査階層のｉ番目の階層の調査年前年の木材チップ用素材の入荷量（木材チップ生産量）の合計
S：第１階層の当該項目（x）の合計値
P：新規調査階層の当該項目（x）の合計値

(ウ)　合単板工場

推定は、工場類型別に次の推定式により行い、工場類型別の推定値を合計して全体の推定値とした。

なお、推定式中の「yij」及び「Yi」については、単板製造用素材に関する項目の推定にあっては「単板製造用素材の入荷量」、普通合板に関する項目の推定にあっては「普通合板生産量」、特殊合板に関する項目の推定にあっては「特殊合板生産量」を用いた。

$$X = \sum_{i=1}^{L} \frac{\sum_{j-1}^{n_i} x_{ij}}{\sum_{j=1}^{n_i} y_{ij}} Y_i + S + P$$

X：当該項目（x）の合計値の推定値
L：標本調査階層（規模階層の第２階層及び第３階層）の数
ni：標本調査階層の i 番目の階層の標本工場数
xij：標本調査階層の i 番目の階層の j 番目標本工場の当該項目（x）の値
yij：標本調査階層の i 番目の階層の j 番目標本工場の調査年の前年の単板製造用素材の入荷量（普通合板生産量又は特殊合板生産量）
Yi：標本調査階層の i 番目の階層の調査年前年の単板製造用素材の入荷量（普通合板生産量又は特殊合板生産量）の合計
S：第１階層の当該項目（x）の合計値
P：新規調査階層の当該項目（x）の合計値

(エ)　ＬＶＬ工場
（全国の計算式）

$$X = S + P$$

X：当該項目（x）の合計値
S：既存階層の当該項目（x）の合計値
P：新規調査階層の当該項目（x）の合計値

(オ)　集成材工場
（全国の計算式）

$$X = \sum_{i=1}^{L} \frac{\sum_{j=1}^{n_i} x_{ij}}{\sum_{j=1}^{n_i} y_{ij}} Y_i + S + P$$

X：当該項目（x）の合計値の推定値
L：標本調査階層（規模階層の第２階層及び第３階層）の数
ni：標本調査階層の i 番目の階層の標本工場数
xij：標本調査階層の i 番目の階層の j 番目標本工場の当該項目（x）の値
yij：標本調査階層の i 番目の階層の j 番目標本工場の調査年前年の集成材生産量
Yi：標本調査階層の i 番目の階層の調査年前年の集成材生産量
S：第１階層の当該項目（x）の合計値
P：新規調査階層の当該項目（x）の合計値

(ｶ) ＣＬＴ工場
（全国の計算式）

$$X = S + P$$

X：当該項目（x）の合計値
S：既存階層の当該項目（x）の合計値
P：新規調査階層の当該項目（x）の合計値

なお、ＣＬＴ工場については、全数調査を実施したが、既存階層、新規調査階層のいずれにおいても調査票の未回収が発生したため、全数集計ができなかった。

このため、既存階層については、前年のＣＬＴ生産量を用いて推定を行ったものの、新規調査階層においては前年のＣＬＴ生産量を用いた推定ができないことから、新規調査階層及び全国計の調査結果には未回収工場の調査結果が含まれていない。

イ　製材月別調査

都道府県別の推定は、次の推定式により行った。

$$X = \frac{\sum_{i=1}^{n} x_i}{\sum_{i=1}^{n} y_i} Y + S + P$$

X：xの合計の推定値
n：標本調査階層内の標本工場数
xi：標本調査階層内の i 番目標本工場の x の値
yi：標本調査階層内の i 番目標本工場の前年の素材消費量
Y：標本調査階層の前年の総素材消費量
S：全数調査階層の x の合計値
P：新規調査階層の当該項目の合計値（調査値又は推定値）

また、全国結果の推定は、調査対象都道府県結果及び直近年の木材統計調査基礎調査結果に基づき次の推定式により行った。

全国推定式（月別）＝直近年の全国値（年間計）×（調査対象都道府県の当月集計値÷調査対象都道府県の直近年年間計）

年度途中で調査対象工場の新設・休廃業があった場合、前月在庫量と今月在庫量の関係が一致しないことがある。

なお、製材月別調査結果の各月の推定値を合計しても基礎調査結果とは一致しない。

このことから、当該年における１年間の数量については、基礎調査の結果を活用されたい。

ウ　合単板月別調査

都道府県別の推定は次の推定式により行った。

なお、推定式中の「yi」及び「Y」については、単板製造用素材に関する項目の推定においては「単板製造用素材の入荷量」、普通合板に関する項目の推定においては「普通合板生産量」、特殊合板に関する項目の推定においては「特殊合板生産量」を用いた。

$$X = \frac{\sum_{i=1}^{n} x_i}{\sum_{i=1}^{n} y_i} Y + P$$

X：xの合計の推定値
n：標本工場数
xi：i番目標本工場の当該項目の値
yi：i番目標本工場の前年の単板製造用素材の入荷量（普通合板生産量又は特殊合板生産量）
Y：既存工場階層の前年の単板製造用素材の入荷量（普通合板生産量又は特殊合板生産量）の合計
P：新規調査階層の当該項目の合計値（調査値又は推定値）

全国結果は、都道府県別の推定値を合計した。

年度途中で調査対象工場の新設・休廃業があった場合、前月在庫量と今月在庫量の関係が一致しないことがある。

なお、合単板月別調査結果の各月の推定値を合計しても基礎調査結果とは一致しない。

このことから、当該年における１年間の数量については、基礎調査の結果を活用されたい。

(2)　木材流通統計調査（素材・木材チップ価格調査及び木材製品卸売価格調査）

調査品目及び調査対象都道府県の見直しについては、基準年として西暦末尾が「１」と「６」の年の流通量に基づいて行っている。

都道府県平均価格は、素材・木材チップについては2016年（平成28年）における調査対象工場別の年間の素材の消費量又は木材チップの生産量、木材製品については2016年（平成28年）における調査対象業者別の年間の販売量により加重平均して算出した。

なお、年間の素材の消費量、木材チップの生産量及び木材製品の販売量は各々調査対象から情報収集を行った。

全国平均価格は、素材・木材チップについては平成28年木材統計調査基礎調査結果における当該都道府県別の年間の素材の消費量（木材チップは生産量）、木材製品については平成28年における当該都道府県の調査対象業者等の年間の推定販売量計により加重平均して算出した。

また、全国の年平均価格は、月別の全国価格を単純平均により算出した。

11　実績精度（全国）

本調査の実績精度を、標本から推定した指標項目（全国）の標準誤差率（標準誤差の推定値÷指標項目の推定値×100）により示すと、次のとおりである。

※合単板月別調査は一定規模以上の工場を対象とする調査であるため、目標精度は設定していない。また、木材流通統計調査（素材・木材チップ価格調査及び木材製品卸売価格調査）は有意選定による調査であるため、目標精度は設定していない。

調　査　名		指　標　項　目	標準誤差率（%）
木材統計調査	基礎調査	製材用素材消費量	0.5
		単板製造用素材入荷量	1.0
		製材品出荷量	0.7
		普通合板生産量	0.4
		特殊合板生産量	0.7
		木材チップ生産量	2.1
		集成材生産量	1.5
	製材月別調査	素材消費量（１月～12月）	1.4～1.9

12　用語の説明

(1)　素材関係

素材　用材（薪炭材及びしいたけ原木を除く。）に供される丸太及びそま角をいう。ただし、輸入木材にあっては、半製品（大中角、盤及びその他の半製品）を含める。

（「大中角」とは、建築用材のひき角材のうち一般に大中角と称されるものをいい、一定の規格は定められていない。米材では通常一辺の長さが 18 インチ（46 cm）以上を大角、18 インチ未満で 10 インチ（25 cm）以上のものを中角と称するが、取引に際しては大中角として一括されている。

「盤」とは、建築用材のひき割材のうち一般に盤と称されるものをいい、一定の規格は定められていない。米まつ、米つが、スプルース、チーク材に多く、米材では厚さ３～６インチ（7.6～15.2 cm）、幅 10～12 インチ（25～30.5 cm）及び長さ 20 フィート（６m）以上のものとしている。

「その他の半製品」とは、大中角及び盤以外の製材品で、一般に再製材しないと利用できないものをいう。）

素材需要量　製材工場、合単板工場及び木材チップ工場への素材の入荷量である。

素材供給量　山元段階の調査が困難なことから、本調査においては工場への素材入荷量をもって供給量としている。

なお、国産材である素材については、その入荷元である都道府県で生産されたものとして各都道府県の素材生産量とした。

南洋材　ベトナム、マレーシア、フィリピン、インドネシア、パプアニューギニア等の南方地域から輸入される木材の総称で、きり、リグナムバイタ及びチークの３樹種を除いた全ての樹種をいう。

米材　アメリカ合衆国及びカナダから輸入される木材で、樹種は問わない。主要樹種は、米つが、米まつ、スプルース、米すぎ、米ひのき等である。

北洋材　ロシア連邦から輸入される木材で、樹種は問わない。主要樹種は、北洋からまつ、北洋えぞまつ、北洋とどまつ等である。

ニュージーランド材　ニュージーランドから輸入される木材で、樹種は問わない。主要樹種は、ニュージーランドまつである。

その他の輸入材　南洋材、米材、北洋材及びニュージーランド材以外の輸入木材をいう。

(2)　製材関係

製材　素材から製材品を生産することをいう。

製材品　素材で長さ 180cm 以上のものから製材機によって生産した板類、ひき割類及びひき角類をいう。

製材工場	製材を行う事業所をいい、移動製材工場を含める。ただし、製材に用いる動力の出力数が7.5kW未満の工場を除く。
製材用動力	製材用機械を動かす原動力（モーター等）をいい、製材機の他、これに付属する設備（目立て機、巻上げ機、ベルトコンベアー等）の動力も含めた。
製材用素材入荷量	製材に供するために工場土場（工場に隣接している駅土場、貯木場等を含む。）に入荷した素材の量で、転売したものを除き、賃びきを依頼されたものを含める。
半製品	大中角、盤及びその他の製材品で一般に再製材しないと利用できないものをいう（それぞれの用語の説明は、(1)の「素材」の項を参照）。
素材消費量	製材機にかけた素材の量をいう。
製材品生産量	手持ち製材用素材及び賃びき材から生産された製材品の量をいう。
製材品出荷量	手持ち材による製材品で販売したもの（製材品販売量）及び自家業務用（工場の補修、改修等）に消費したもの並びに賃びき材による製材品の総量をいう。
人工乾燥材	乾燥施設によって人工的に温度・湿度を調節し乾燥処理をしたもので、含水率25%以下のものをいう。
建築用材	土台、柱、桁、板等建築用に仕向けられる材をいう。
板類	厚さが7.5cm未満で、幅が厚さの4倍以上のものをいう。 また、板類には、床板用原板（えん甲板用原板及び広葉樹フローリング用原板）を含む。
ひき割類	厚さが7.5cm未満で、幅が厚さの4倍未満のものをいう。
ひき角類	厚さ及び幅が7.5cm以上のものをいう。
土木建設用材	コンクリートパネル、土止め板、橋りょう用材等の土木用仮設材をいう。
木箱仕組板・こん包用材	りんご箱、みかん箱、魚箱など多くの場合セットになっている仕組板、機械こん包用材、電線巻取り用材等をいう。
家具建具用材	たんす、机、テーブル、キャビネット等の家具用及び窓枠、障子、ふすま等家具及び建具用に仕向けられる材をいう。
その他用材	上記の分類に含まれない造船車両用材、まくら木、機械部分用材、運動用具、腕木、たる、おけ用材、木型用材などがある。

(3)　合単板及びＬＶＬ関係

合単板工場
単板、普通合板及び特殊合板を生産する事業所をいう。
なお、単板を専門に製造する工場を単板専門工場、普通合板を製造する工場を普通合板工場、特殊合板を専門に製造する工場を特殊合板専門工場、普通合板と特殊合板を生産する工場を一貫工場という。

単板
合板等に用いるために、素材から、ロータリーレース、スライサー又はベニヤソーを使用して生産された木材の薄板をいう。その製造法によって、ロータリー単板、スライド単板、ソーン単板及びハーフランド単板の種類がある。

単板消費量
合板等を生産することを目的として振り向けた単板の量をいう。この場合、自工場における消費量とし、自社他工場分等は除いた。

合板
単板（心板にあっては小角材を含む。）を３枚以上を主としてその繊維方向を互いにほぼ直角にして、接着したものをいう。

普通合板
表面にオーバーレイ、プリント、塗装等の加工を施さない合板をいう。

針葉樹合板
針葉樹材で生産された普通合板をいい、本調査では「針葉樹合板」のみを調査対象とする。

特殊合板
普通合板の表面に美観、強化を目的とする薄板の張り付け、オーバーレイ、プリント、塗装等の加工を施した合板をいう。

用途別の合板

コンクリート型わく用合板
普通合板生産量のうち、コンクリート型わく用に使用する合板をいう。
なお、コンクリート型わく用合板については、表面に塗装等の加工を施したものも「普通合板」に含めた。

構造用合板
ツーバイフォー住宅等の建築物の耐力構造上必要な部位に使用される合板で、ＪＡＳ規格で厚さ等の規格を定めている。

単板製造用素材入荷量
単板を製造するために工場土場に入荷した素材の量で、転売したものを除く。

普通合板入荷量
特殊合板を生産するために特殊合板専門工場に他工場から普通合板を入荷した量のほか、自社の他工場からの受入量も含む。

普通合板生産量
自工場で生産した普通合板の量をいい、自社他工場から受け入れたものは除いた。
なお、購入した単板から生産したものは含めた。

普通合板消費量（特殊合板用）
特殊合板を生産することを目的として振り向けた普通合板の量をいう。この場合、自工場への仕向量のみを計上し、自社他工場分等は除いた。

特殊合板生産量	自工場で生産された特殊合板の量をいい、自社他工場から受け入れたものを除く。
ＬＶＬ工場	ＬＶＬを生産する事業所をいう。
ＬＶＬ	単板を主としてその繊維方向を互いにほぼ平行にして積層接着したもの及び繊維方向が直交する単板を用いた場合にあっては、直交する単板の厚さの合計が製品の厚さの 30％未満であり、かつ、当該単板の枚数の構成比が 30％以下であるものをいう。「単板積層材（たんばんせきそうざい）」とも呼ばれる。
構造用ＬＶＬ	ＬＶＬのうち、主として構造物の耐力部材として用いられるものをいう。
その他のＬＶＬ	構造用以外のＬＶＬ（造作用ＬＶＬ等）をいう。
ＬＶＬ生産量	自工場で生産されたＬＶＬの量をいい、自社他工場から受け入れたものは除いた。 なお、生産量の内数である「混合」とは、構成する単板に国産材及び輸入材の両方を使用したものをいう。

(4) 木材チップ関係

木材チップ	素材、工場残材、林地残材及び解体材・廃材からチッパー等を用いて生産したパルプ、紙、繊維板、削片板等の原料とする木材の小削片をいう。
木材チップ工場	木材チップを生産する事業所をいう。 なお、製材工場、合単板工場、ＬＶＬ工場、集成材工場、ＣＬＴ工場、家具・建具工場等との兼営工場は木材チップ工場に含めるが、製紙工場、パルプ工場、繊維板工場及び削片板工場における調木、原料製造の一工程として木材チップを生産しているものは除く。
木材チップ生産量	木材チップ工場におけるチップ生産量で、単位は絶乾重量（ｔ）である。 なお、絶乾重量とは、含水率を検定して絶乾比重（含水率０％）に基づき算出された実重量である。
工場残材	製材工場、合単板工場及びその他の木材加工工場で製品を生産した後にできる端材をいう。
林地残材	立木伐採後の林地において玉切り又は造材により生じた根株、枝条等をいう。
解体材・廃材	家屋等を解体した際の古材、電柱材、足場丸太、くい丸太、まくら木等既に利用に供された木材をいう。

(5) 集成材及びＣＬＴ関係

集成材工場	集成材を生産する事業所をいう。
集成材	ひき板、小角材等の部材（ラミナ）をその繊維方向を互いにほぼ平行に

	して、厚さ、幅及び長さの方向に集成接着したものをいう。
構造用集成材	集成材のうち、所要の耐力を目的として等級区分したひき板（幅方向に合わせ調整したもの、長さ方向にスカーフジョイント又はフィンガージョイントで接合接着して調整したものを含む。）又はラミナブロック（内層特殊構成集成材に限る。）をその繊維方向を互いに平行して積層接着したもの（これらを二次接着したもの又はこれらの表面に集成材の保護等を目的とした塗装を施したものを含む。）であって、主として構造物の耐力部材として用いられるもの（化粧ばり構造用集成柱を除く。）をいう。
大断面集成材	構造用集成材のうち、短辺が 15cm 以上で断面積が 300 ㎠ものをいう。
中断面集成材	構造用集成材のうち、短辺が 7.5cm 以上かつ長辺が 15cm 以上のものであって、大断面集成材以外のものをいう。
小断面集成材	構造用集成材のうち、短辺が 7.5cm 未満又は長辺が 15cm 未満のものをいう。
その他の集成材	構造用以外の集成材（造作用集成材、化粧ばり造作用集成材、化粧ばり構造用集成柱等）をいう。
ラ　ミ　ナ	集成材及びＣＬＴを構成する最小単位のひき板（ひき板をその繊維方向を互いにほぼ平行にして長さ方向に接合接着して調整したもの、小角材をその繊維方向を互いにほぼ平行にして幅方向に接着したもの及びそれをさらに長さ方向に接合接着したものを含む。）をいう。
ラミナ消費量	集成材及びＣＬＴを生産する目的として振り向けたラミナの量をいう。 この場合、自工場における消費量とし、自社他工場分等は除いた。
集成材の生産量	自工場で生産された集成材の量をいい、自社他工場から受け入れたものは除いた。 なお、生産量の内数である「混合」とは、構成する単板に国産材及び輸入材の両方を使用したものをいう。
ＣＬＴ工場	ＣＬＴを生産する事業所をいう。
Ｃ　Ｌ　Ｔ	ひき板又は小角材（これらをその繊維方向を互いにほぼ平行にして長さ方向に接合接着して調整したものを含む。）をその繊維方向を互いにほぼ平行にして幅方向に並べ又は接着したものを、主としてその繊維方向を互いにほぼ直角にして積層接着し３層以上の構造を持たせたものをいう。「直交集成板（ちょっこうしゅうせいばん）」とも呼ばれる。
構造用ＣＬＴ	ＣＬＴのうち、主として構造物の耐力部材として用いられるものをいう。
その他のＣＬＴ	構造用以外のＣＬＴをいう。
ＣＬＴ生産量	自工場で生産されたＣＬＴの量をいい、自社他工場から受け入れたものは除いた。

(6) 木材価格関係

素材価格	製材用素材価格は製材工場、合単板用素材価格は合単板工場、木材チップ用素材価格は木材チップ工場における工場着購入価格である。
製品卸売価格	木材市売市場にあってはセリ又は入札による取引価格、木材センター及び木材卸売業者にあっては店頭渡し販売価格である。
木材チップ価格	パルプ向けチップ工場における工場渡し販売価格である。
工場着価格	素材を購入する工場の土場又は貯木場までの輸送費、積降し等の諸経費を含んだ価格をいう。
店頭（工場）渡し価格	買方が売方（事業所、販売店及び工場）まで引き取りにくることを条件に販売する価格をいい、配達のための輸送費、積降し等の諸経費を含んだ持込み価格の場合は、それらの諸経費を除いた価格をいう。
等級 １級・２級	ＪＡＳ規格の１級・２級と業者のいう等級のうちＪＡＳ規格の１級・２級に準ずるものをいう。
込み	ＪＡＳ規格等により定められている等級にかかわらず、全てを包含したものをいう。
№.３	米材丸太の等級である。米材の丸太は、径級と外観（節、曲り、腐れ等）によって等級が格付され、一般的には№.１、№.２及び№.３に区分されるが、№.３は最小径が 30 ㎝以上で製材品のコモン級（一般用途材）又はそれ以上の製材をひくのに適当な材をいう。
合板適材	合単板用として仕向けられるものをいう。
乾燥材	乾燥処理をした製材品であって、含水率 25％以下のものをいう。
針葉樹合板	針葉樹材で生産された合板をいい、本調査では針葉樹のみで生産した「全針葉樹合板」（(3)の「針葉樹合板」の項を参照）のみを調査対象とした。

13 利用上の注意

(1) 木材需給動向・素材生産量の把握については、山元段階の調査が困難なことから、素材消費工場段階への入荷量をもって素材供給量とし、そのうち国産材供給量を素材生産量としている。素材生産量は県間交流表により都道府県別・樹種別に算出し、輸入材供給量は産地材別に調査している。

(2) 製材月別調査における平成 30 年６月分の調査結果は、第１報の公表時においては、平成 30 年７月豪雨の影響により、愛媛県及び高知県の一部の工場の調査票が回収できなかったことから、当該工場については、５月分の調査結果を用いて推計していたが、高知県の当該工場のデータが得られたため再集計を行った。

(3) 製材月別調査における平成 30 年７月分の調査結果は、第１報の公表時においては、平成 30 年７月豪雨の影響により、愛媛県の一部の工場の調査票が回収できなかったことから、当該工場については、７月中の工場の操業がなかったものとして推計した。

(4)　各統計表の工場数は、表頭事項の工場数の実数であり、工場数には12月31日現在において３か月未満の間休業しているものを含む。

(5)　数値の四捨五入について

統計数値については、表示単位未満を四捨五入しているため、合計値と内訳の計が一致しない場合がある。

木材流通統計調査（素材・木材チップ価格調査及び木材製品卸売価格調査）は、次の方法によって四捨五入している。

素材価格、木材チップ価格、製材品価格及び集成材価格

原数		4桁以上 (1,000)	3桁 (100)
四捨五入する桁（下から）		2桁	1桁
例	四捨五入する前（原数）	1,234	123
	四捨五入した数値（統計数値）	1,200	120

合板価格

原数		3桁 (100)
四捨五入する桁（下から）		1桁
例	四捨五入する前（原数）	123
	四捨五入した数値（統計数値）	120

(6)　本書の統計表中に使用した記号は、次のとおりである。

「０」、「0.0」：　単位に満たないもの（例：0.4千m^3→0千m^3、0.04%→0.0%）又は増減がないもの

「－」：　事実のないもの

「…」：　事実不詳又は調査を欠くもの

「x」：　個人又は法人その他の団体に関する秘密を保護するため、統計数値を公表しないもの

「△」：　負数又は減少したもの

「nc」：　計算不能

(7)　秘匿措置について

木材統計調査結果について、調査対象者数が２以下の場合には、個人又は法人その他の団体に関する調査結果の秘密保護の観点から当該結果を「x」表示とする秘匿措置を施している。

なお、全体（計）からの差引きにより当該結果が推定できる場合には、本来秘匿措置を施す必要のない箇所についても「x」表示としている。

また、木材価格統計調査について、調査対象者数が１以下の場合には、個人又は法人その他の団体に関する調査結果の秘密保護の観点から当該結果を「x」表示とする秘匿措置を施している。

(8)　この統計表に掲載された数値を他に転載する場合は、「木材需給報告書」（農林水産省）による旨を記載してください。

(9)　本統計の累年データについては、農林水産省ホームページ「統計情報」の分野別分類「森林、林業」の「木材統計調査」で御覧になれます。

【 https://www.maff.go.jp/j/tokei/kouhyou/mokuzai/index.html#r 】

14　お問合せ先

農林水産省　大臣官房統計部　生産流通消費統計課　畜産・木材統計班

電話：代表　03-3502-8111　内線　3686

直通　03-3502-5665

FAX　：　03-5511-8771

※　本調査に関するご意見、ご要望は、上記問合せ先のほか、農林水産省ホームページでも受け付けております。

【 https://www.contactus.maff.go.jp/j/form/tokei/kikaku/160815.html 】

Ⅰ　調査結果の概要

1　素材需給の動向

(1)　素材需要量

平成30年の素材需要量は2,654万5千m^{3}で、前年に比べ7万9千m^3（0.3%）増加した。

これを需要部門別にみると、製材用は1,667万2千m^{3}で、前年に比べ13万m^3（0.8%）、木材チップ用は458万6千m^{3}で、7万4千m^3(1.6%)それぞれ減少したものの、合板等用は528万7千m^{3}で、28万3千m^3（5.7%）増加した。

この結果、需要部門別の構成割合は、製材用が62.8%、合板等用が19.9%、木材チップ用が17.3%となった（表1、図1）。

表1　需要部門別素材需要量

単位：千m^3

区　分	計	製材用	合板等用	木　材 チップ用
平成29年	26,466	16,802	5,004	4,660
30	**26,545**	**16,672**	**5,287**	**4,586**
対前年比（%）	100.3	99.2	105.7	98.4
構 成 比（%）				
平成29年	100.0	63.5	18.9	17.6
30	**100.0**	**62.8**	**19.9**	**17.3**

注：1　素材需要量とは、製材工場、合単板工場及び木材チップ工場への素材の入荷量である。
2　数値については、四捨五入のため、合計と内訳の計が一致しない場合がある（以下の表において同じ。）。

図1　素材需要量の推移

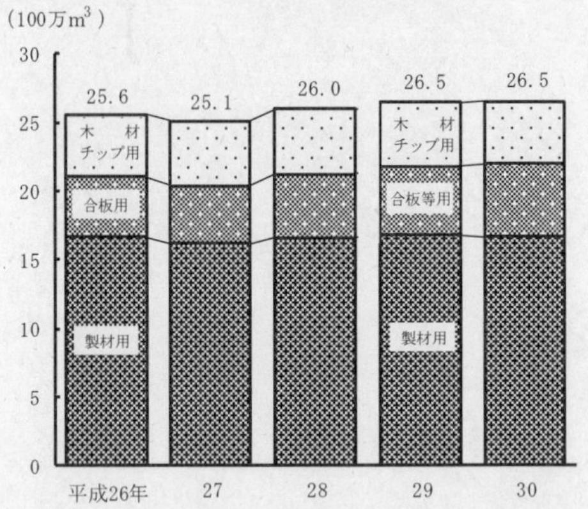

注：　平成29年調査から、素材生産量のうち「合板用」を新たにLVL用を含めた「合板等用」に変更したため接続しない（以下の図において同じ。）。

(2)　素材供給量

素材供給量のうち、国産材は2,164万m^{3}で、前年に比べ23万2千m^3(1.1%)増加し、輸入材は490万5千m^{3}で、15万4千m^3（3.0%）減少した。この結果、素材供給量に占める国産材の割合は81.5%で、前年に比べ0.6ポイント上昇した（表2、図2）。

図2　素材供給量及び国産材供給割合の推移

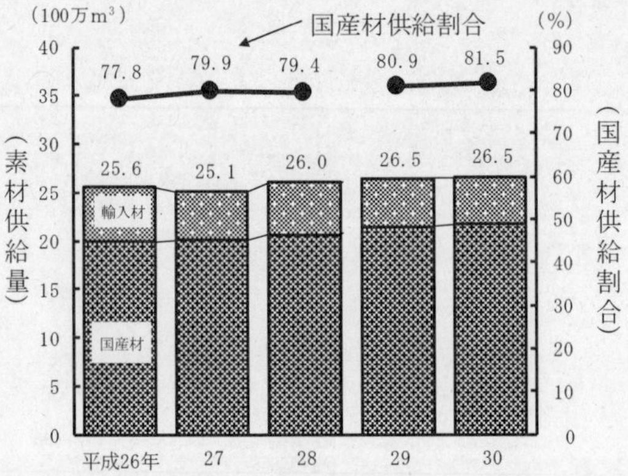

表2　需要部門別、材種別素材供給量

単位：千m^3

区　分	計	国産材 小計	国産材 針葉樹	国産材 広葉樹	輸入材 小計	輸入材 南洋材	輸入材 米材	輸入材 北洋材	輸入材 ニュージーランド材	輸入材 その他
平成29年										
計	26,466	21,408	19,258	2,153	5,059	217	3,882	348	466	149
製　材　用	16,802	12,632	12,512	120	4,171	83	3,283	242	421	145
合 板 等 用	5,004	4,122	4,101	21	882	134	594	106	44	4
木材チップ用	4,660	4,654	2,645	2,012	6	–	5	0	1	–
平成30年										
計	**26,545**	**21,640**	**19,462**	**2,178**	**4,905**	**175**	**3,746**	**359**	**440**	**185**
製　材　用	**16,672**	**12,563**	**12,421**	**142**	**4,109**	**43**	**3,224**	**243**	**415**	**184**
合 板 等 用	**5,287**	**4,492**	**4,472**	**20**	**795**	**132**	**522**	**116**	**24**	**1**
木材チップ用	**4,586**	**4,585**	**2,569**	**2,016**	**1**	**–**	**–**	**0**	**1**	**–**
対前年比(%)										
計	100.3	101.1	101.1	101.2	97.0	80.6	96.5	103.2	94.4	124.2
製　材　用	99.2	99.5	99.3	118.3	98.5	51.8	98.2	100.4	98.6	126.9
合 板 等 用	105.7	109.0	109.0	95.2	90.1	98.5	87.9	109.4	54.5	25.0
木材チップ用	98.4	98.5	97.1	100.2	16.7	nc	–	nc	100.0	nc
構成比(%)										
計	100.0	81.5	73.3	8.2	18.5	0.7	14.1	1.4	1.7	0.7
製　材　用	100.0	75.4	74.5	0.9	24.6	0.3	19.3	1.5	2.5	1.1
合 板 等 用	100.0	85.0	84.6	0.4	15.0	2.5	9.9	2.2	0.5	0.0
木材チップ用	100.0	100.0	56.0	44.0	0.0	–	–	0.0	0.0	–

注：　素材供給量とは、素材需要量（製材工場、合単板工場及び木材チップ工場への素材の入荷量）をもって供給量としている。

ア　国産材供給量

国産材供給量（全国計のみ素材生産量と等しい。）を針葉樹、広葉樹別にみると、針葉樹は1,946 万２千m^3で、前年に比べ 20 万４千m^3（1.1%）増加した。

これを樹種別にみると、素材供給量の６割弱を占めるすぎは1,253 万２千m^3で、前年に比べ25 万６千m^3（2.1%）、ひのきは 277 万１千m^3で、９千m^3(0.3%)、えぞまつ・とどまつは111 万４千m^3で、２万４千m^3（2.2%）それぞれ増加したものの、からまつは225 万２千m^3で、３万８千m^3（1.7%）、あかまつ・くろまつは62 万８千m^3で、１万３千m^3（2.0%）それぞれ減少した。

また、広葉樹は217 万８千m^3で、前年に比べ２万５千m^3（1.2%）増加した（表２、表３、図３）。

図３　樹種別素材生産量の推移

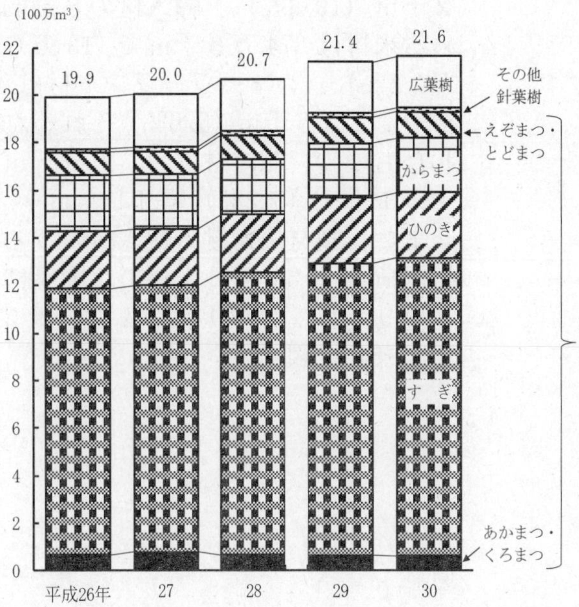

表３　需要部門別、樹種別素材生産量

単位：千m^3

区　　分	計	針葉樹							広葉樹
		小　計	あかまつ・くろまつ	す　ぎ	ひのき	からまつ	えぞまつ・とどまつ	その他	
平成29年									
計	21,408	19,258	641	12,276	2,762	2,290	1,090	198	2,153
製　材　用	12,632	12,512	146	8,200	2,179	1,208	714	62	120
合 板 等 用	4,122	4,101	184	2,610	303	757	221	27	21
木材ﾁｯﾌﾟ用	4,654	2,645	311	1,466	280	325	155	109	2,012
平成30年									
計	**21,640**	**19,462**	**628**	**12,532**	**2,771**	**2,252**	**1,114**	**165**	**2,178**
製　材　用	**12,563**	**12,421**	**156**	**8,237**	**2,159**	**1,106**	**701**	**62**	**142**
合 板 等 用	**4,492**	**4,472**	**189**	**2,851**	**360**	**803**	**242**	**27**	**20**
木材ﾁｯﾌﾟ用	**4,585**	**2,569**	**283**	**1,444**	**252**	**343**	**171**	**76**	**2,016**
対前年比(%)									
計	101.1	101.1	98.0	102.1	100.3	98.3	102.2	83.3	101.2
製　材　用	99.5	99.3	106.8	100.5	99.1	91.6	98.2	100.0	118.3
合 板 等 用	109.0	109.0	102.7	109.2	118.8	106.1	109.5	100.0	95.2
木材ﾁｯﾌﾟ用	98.5	97.1	91.0	98.5	90.0	105.5	110.3	69.7	100.2
構成比(%)									
計	100.0	89.9	2.9	57.9	12.8	10.4	5.1	0.8	10.1
製　材　用	100.0	98.9	1.2	65.6	17.2	8.8	5.6	0.5	1.1
合 板 等 用	100.0	99.6	4.2	63.5	8.0	17.9	5.4	0.6	0.4
木材ﾁｯﾌﾟ用	100.0	56.0	6.2	31.5	5.5	7.5	3.7	1.7	44.0

注：　素材生産量とは、国産材である素材についてその入荷元である都道府県で生産されたものとして各都道府県値を集計し、全国値については都道府県計値の積算により算出した結果である。

イ　輸入材供給量

輸入材供給量を産地材別にみると、南洋材は 17 万５千m^3で、前年に比べ４万２千m^3（19.4%）、輸入材の８割弱を占める米材は 374 万６千m^3で、13 万６千m^3（3.5%）、ニュージーランド材は 44 万m^3で、２万６千m^3（5.6%）それぞれ減少したものの、北洋材は 35 万９千m^3で、１万１千m^3（3.2%）増加した。

また、製材用素材の輸入材のうち半製品入荷量は 38 万２千m^3で、前年に比べ２万９千m^3（7.1%）減少した（表２、表４、表５、図４）。

図４　輸入材供給量の推移

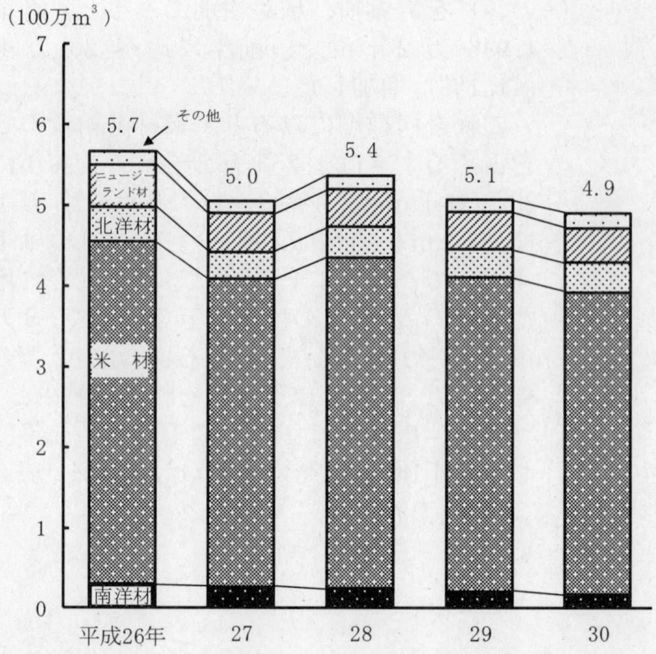

表４　輸入材供給量

単位：千m^3

区　　分	計	南洋材	米　材	北洋材	ニュージーランド材	その他
平成29年	5,059	217	3,882	348	466	149
30	**4,905**	**175**	**3,746**	**359**	**440**	**185**
対前年比（%）	97.0	80.6	96.5	103.2	94.4	124.2
構成比（%）						
平成29年	100.0	4.3	76.7	6.9	9.2	2.9
30	**100.0**	**3.6**	**76.4**	**7.3**	**9.0**	**3.8**

表５　製材用素材の輸入材のうち半製品入荷量

単位：千m^3

区　　分	計	南洋材	米　材	北洋材	ニュージーランド材	その他
平成29年	411	10	127	163	27	84
30	**382**	**3**	**88**	**151**	**28**	**112**
対前年比（%）	92.9	30.0	69.3	92.6	103.7	133.3
構成比（%）						
平成29年	100.0	2.4	30.9	39.7	6.6	20.4
30	**100.0**	**0.8**	**23.0**	**39.5**	**7.3**	**29.3**

2　木材産業の動向

(1)　製材

ア　製材工場数及び製材用動力の出力数

製材工場数は4,582工場で、前年に比べ232工場（4.8%）減少した。これを製材用動力の出力階層別にみると、300.0kW以上の階層で増加し、それ以外の階層では減少した。

製材用動力の総出力数は62万4,977.6kWで、前年に比べ7,406.9kW（1.2%）減少した。

１工場当たりの出力数は136.4kWで、前年に比べ5.0kW（3.8%）増加した（表６）。

表６　製材工場数及び製材用動力の出力数

区分	単位	平成29年	30	対前年比	構成比
				%	%
工場数計	工場	4,814	**4,582**	95.2	100.0
7.5～75.0kW未満	〃	2,924	**2,750**	94.0	60.0
75.0～300.0	〃	1,466	**1,405**	95.8	30.7
300.0kW以上	〃	424	**427**	100.7	9.3
うち1,000.0kW以上	〃	71	**71**	100.0	1.5
総出力数	kW	632,384.5	**624,977.6**	98.8	-
１工場当たり出力数	〃	131.4	**136.4**	103.8	-

イ　製材用素材消費量

製材用素材消費量は1,664万5千m^3で、前年に比べ21万6千m^3（1.3%）減少した。１工場当たりの素材消費量は3,633m^3で、前年に比べ131m^3（3.7%）増加した（表７）。

表７　製材用動力の出力階層別素材消費量

区分	単位	平成29年	30	対前年比	構成比
				%	%
計	千m^3	16,861	**16,645**	98.7	100.0
7.5～75.0kW未満	〃	1,046	**965**	92.3	5.8
75.0～300.0	〃	3,971	**3,528**	88.8	21.2
300.0kW以上	〃	11,848	**12,152**	102.6	73.0
うち1,000.0kW以上	〃	6,900	**6,943**	100.6	41.7
１工場当たり消費量	m^3	3,502	**3,633**	103.7	-

ウ　製材用素材入荷量

(ｱ)　製材用素材入荷量は、1,667万２千m^3で、前年に比べ13万m^3（0.8%）減少した。これを国産材、輸入材別にみると、国産材の入荷量は1,256万３千m^3で、前年に比べ６万９千m^3（0.5%）、輸入材の入荷量は410万９千m^3で、６万２千m^3（1.5%）それぞれ減少した。

この結果、製材用素材入荷量に占める国産材の割合は75.4%で、前年を0.2ポイント上回った（表８、図５）。

図５　製材用素材入荷量の推移

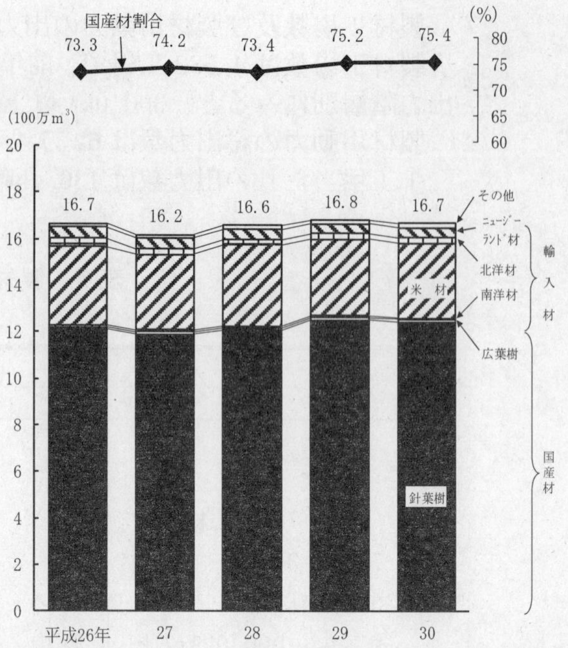

表８　材種別製材用素材入荷量

単位：千m^3

年次	計	国産材			輸入材					
		小計	針葉樹	広葉樹	小計	南洋材	米材	北洋材	ニュージーランド材	その他
平成29年	16,802	12,632	12,512	120	4,171	83	3,283	242	421	145
30	**16,672**	**12,563**	**12,421**	**142**	**4,109**	**43**	**3,224**	**243**	**415**	**184**
対前年比（%）	99.2	99.5	99.3	118.3	98.5	51.8	98.2	100.4	98.6	126.9
構成比（%）										
平成29年	100.0	75.2	74.5	0.7	24.8	0.5	19.5	1.4	2.5	0.9
30	**100.0**	**75.4**	**74.5**	**0.9**	**24.6**	**0.3**	**19.3**	**1.5**	**2.5**	**1.1**

(ｲ)　素材の入荷があった製材工場は4,551工場で、前年に比べ231工場（4.8%）減少した。

これを入荷類型別にみると、国産材のみは3,521工場で、前年に比べ121工場（3.3%）、国産材と輸入材は792工場で、80工場（9.2%）、輸入材のみは238工場で、30工場（11.2%）それぞれ減少した。

入荷量でみると、国産材と輸入材は272万６千m^3、輸入材のみは231万８千m^3で、前年に比べそれぞれ28万１千m^3（9.3%）、２万６千m^3（1.1%）減少したものの、国産材のみは1,162万８千m^3で、前年に比べ17万９千m^3（1.6%）増加した（表９）。

表９　製材用動力の入荷類型別製材工場数及び入荷量

単位：千m^3

年次	計		国産材のみ		国産材と輸入材		輸入材のみ	
	工場数	入荷量	工場数	入荷量	工場数	入荷量	工場数	入荷量
	工場	千m^3	工場	千m^3	工場	千m^3	工場	千m^3
平成29年	4,782	16,802	3,642	11,449	872	3,007	268	2,344
30	**4,551**	**16,672**	**3,521**	**11,628**	**792**	**2,726**	**238**	**2,318**
対前年比（%）	95.2	99.2	96.7	101.6	90.8	90.7	88.8	98.9
構成比（%）								
平成29年	100.0	100.0	76.2	68.1	18.2	17.9	5.6	14.0
30	**100.0**	**100.0**	**77.4**	**69.7**	**17.4**	**16.4**	**5.2**	**13.9**

注：工場数は、平成30年に製材用素材の入荷のあった工場数である。

エ　製材品出荷量

製材品出荷量は920万2千m^3で、前年に比べ25万5千m^3（2.7%）減少した。

これを用途別にみると、土木建設用材は37万6千m^3で、前年に比べ5千m^3（1.3%）、木箱仕組板・こん包用材は112万5千m^3で、5万8千m^3（5.4%）それぞれ増加したものの、8割強を占める建築用材は746万8千m^3で、29万8千m^3（3.8%）減少した。

また、人工乾燥材出荷量は393万m^3で、前年並みとなった。

製材品の出荷量に占める人工乾燥材出荷量の割合は42.7%で、前年を1.2ポイント上回った（表10、図6、図7）。

図6　用途別製材品出荷量の推移

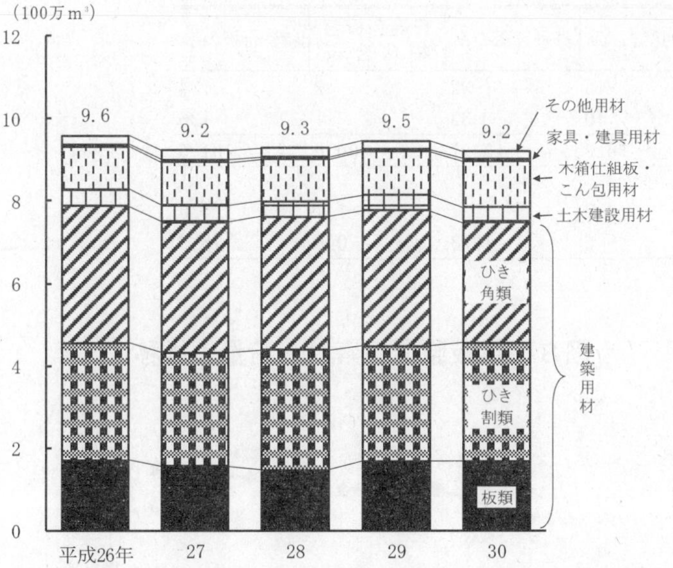

図7　人工乾燥材出荷量及び製材品出荷量に占める人工乾燥材出荷量の割合の推移

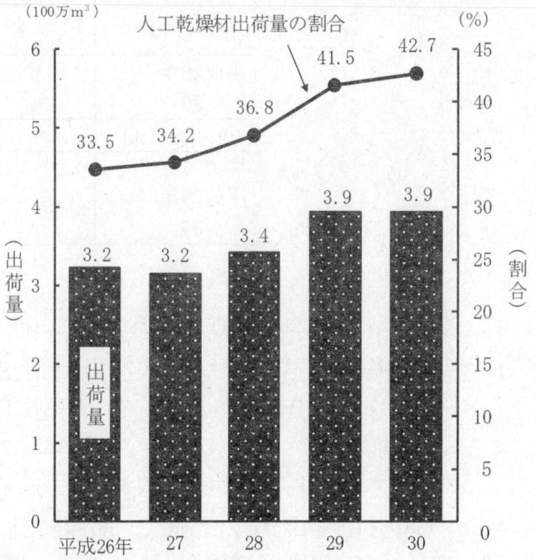

表10　用途別製材品出荷量

単位：千m^3

年次	計		建築用材				土木建設用材	木箱仕組板・こん包用材	家具建具用材	その他用材
		人工乾燥材	小計	板類	ひき割類	ひき角類				
平成29年	9,457	3,929	7,766	1,676	2,794	3,293	371	1,067	61	193
30	**9,202**	**3,930**	**7,468**	**1,674**	**2,876**	**2,918**	**376**	**1,125**	**61**	**172**
対前年比（%）	97.3	100.0	96.2	99.9	102.9	88.6	101.3	105.4	100.0	89.1
構成比（%）										
平成29年	100.0	41.5	82.1	17.7	29.5	34.8	3.9	11.3	0.6	2.0
30	**100.0**	**42.7**	**81.2**	**18.2**	**31.3**	**31.7**	**4.1**	**12.2**	**0.7**	**1.9**

(2) 合単板及びＬＶＬ

ア　合単板工場数

合単板工場数は 180 工場で、前年に比べ１工場（0.6%）減少した。

これを工場類型別にみると、「単板のみ」を生産している工場は 10 工場で、前年に比べ３工場（23.1%）、「普通合板と特殊合板」を生産している工場は１工場で、１工場（50.0%）それぞれ減少したものの、「普通合板のみ」を生産している工場は 33 工場で、１工場(3.1%)、「特殊合板のみ」を生産している工場は 136 工場で、２工場（1.5%）それぞれ増加した（表11）。

表 11　工場類型別合単板工場数（各年 12 月 31 日現在）

単位：工場

区　分	計	単板のみ	普通合板のみ	普通合板と特殊合板	特殊合板のみ
平成29年	181	13	32	2	134
30	**180**	**10**	**33**	**1**	**136**
対前年比（%）	99.4	76.9	103.1	50.0	101.5
構成比（%）					
平成29年	100.0	7.2	17.7	1.1	74.0
30	**100.0**	**5.6**	**18.3**	**0.6**	**75.6**

イ　単板製造用素材入荷量

単板製造用素材の入荷量は 528 万７千m³で、前年に比べ 28 万３千m³（5.7%）増加した。

これを国産材、輸入材別にみると、国産材は 449 万２千m³で、前年に比べ 37 万m³（9.0%）増加したものの、輸入材は 79 万５千m³で８万７千m³（9.9%）減少した。

この結果、単板製材用素材入荷量に占める国産材の割合は 85.0%で、前年を 2.6 ポイント上回った（表 12、図８）。

図８　単板製造用素材入荷量の推移

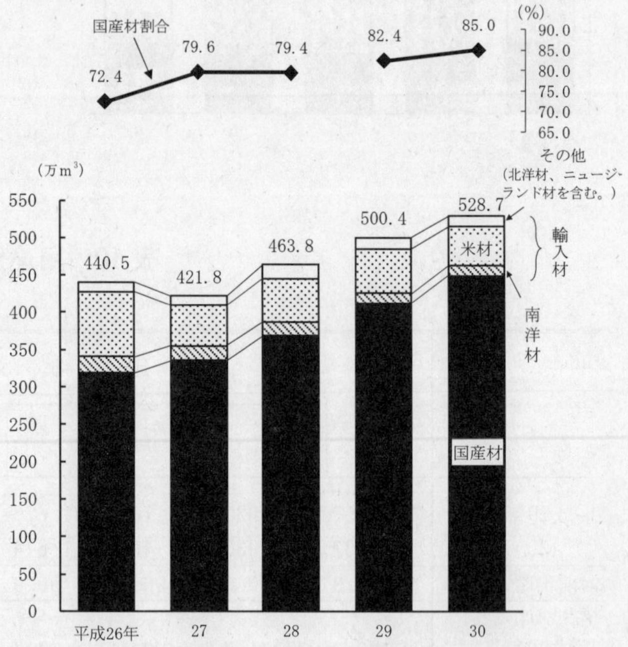

表 12　材種別単板製造用素材入荷量

単位：千m³

年　次	計	国産材 小計	国産材 針葉樹	国産材 広葉樹	輸入材 小計	輸入材 針葉樹	南洋材	米材	北洋材	ニュージーランド材	その他
平成29年	5,004	4,122	4,101	21	882	710	134	594	106	44	4
30	**5,287**	**4,492**	**4,472**	**20**	**795**	**658**	**132**	**522**	**116**	**24**	**1**
対前年比（%）	105.7	109.0	109.0	95.2	90.1	92.7	98.5	87.9	109.4	54.5	25.0
構成比（%）											
平成29年	100.0	82.4	82.0	0.4	17.6	14.2	2.7	11.9	2.1	0.9	0.1
30	**100.0**	**85.0**	**84.6**	**0.4**	**15.0**	**12.4**	**2.5**	**9.9**	**2.2**	**0.5**	**0.0**

ウ　単板消費量

単板消費量は390万1千㎥で、前年に比べ4万6千㎥（1.2%）増加した。

これを用途別にみると合板用が364万㎥で、前年に比べ4万1千㎥（1.1%）、ＬＶＬ用が26万1千㎥で、前年に比べ5千㎥（2.0%）それぞれ増加した（表13）。

表13　単板消費量

単位：千㎥

区　分	計	合板用	ＬＶＬ用
平成29年	3,855	3,599	256
30	**3,901**	**3,640**	**261**
対前年比（%）	101.2	101.1	102.0
構成比（%）			
平成29年	100.0	93.4	6.6
30	**100.0**	**93.3**	**6.7**

エ　普通合板生産量

普通合板生産量は329万8千㎥で、前年に比べ1万1千㎥（0.3%）増加した。

このうち、針葉樹合板生産量は315万㎥で、前年に比べ7千㎥（0.2%）増加した。

また、厚さ別にみると、「6㎜未満」は7万㎥で、前年に比べ7千㎥（9.1%）、「24㎜以上」は123万5千㎥で、1万9千㎥（1.5%）それぞれ減少したものの、「6～12㎜」は45万8千㎥で、1万5千㎥（3.4%）、「12～24㎜」は153万5千㎥で、2万2千㎥（1.5%）それぞれ増加した（図9、表14）。

図9　普通合板生産量の推移

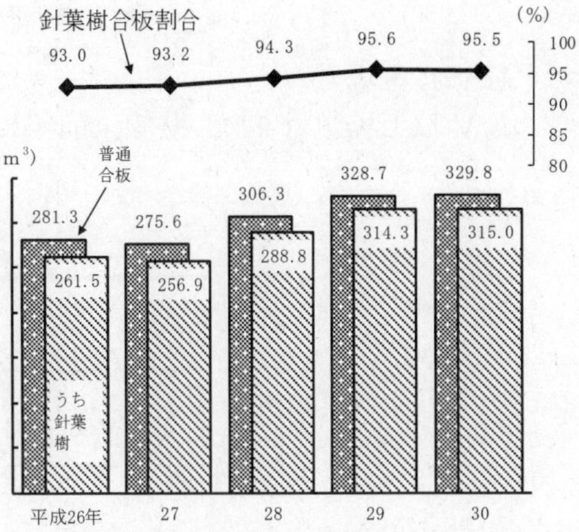

表14　普通合板生産量

区　分	平成29年	30	対前年比	構成比
	千㎥	千㎥	%	%
普通合板生産量	3,287	**3,298**	100.3	100.0
6㎜未満	77	**70**	90.9	2.1
6　～　12	443	**458**	103.4	13.9
12　～　24	1,513	**1,535**	101.5	46.5
24㎜以上	1,254	**1,235**	98.5	37.4
うち針葉樹合板	3,143	**3,150**	100.2	95.5
うち構造用合板	3,011	**2,971**	98.7	90.1

オ　特殊合板生産量

特殊合板生産量は58万㎥で、前年に比べ4万3千㎥（6.9%）減少した（表15、図10）。

表15　特殊合板生産量

区　　分	平成29年	30	対前年比
	千㎥	千㎥	%
特殊合板生産量	623	**580**	93.1

図10　特殊合板生産量の推移

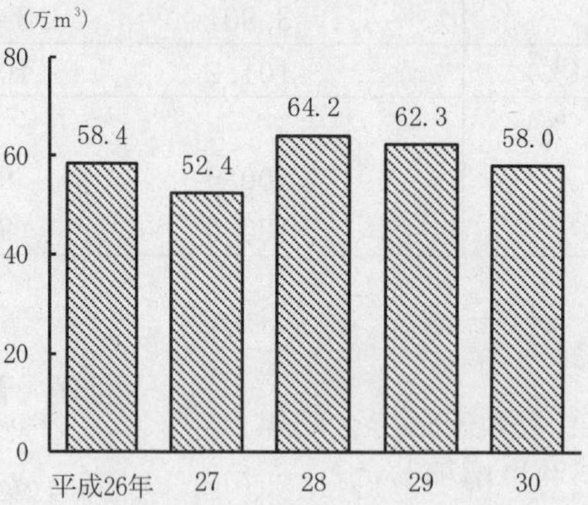

カ　ＬＶＬ工場数

ＬＶＬ工場数は11工場で、前年に比べ2工場（15.4%）減少した（表16）。

表16　ＬＶＬ工場数

区　　分	平成29年	30	対前年比
	工場	工場	%
ＬＶＬ工場	13	**11**	84.6

キ　ＬＶＬ生産量

ＬＶＬ生産量は18万4千㎥で、前年に比べ5千㎥（2.8%）増加した。

これを用途別にみると構造用が8万9千㎥で、前年に比べ1万㎥（10.1%）減少した（表17）。

表17　ＬＶＬ生産量

単位：千m³

区　分	計	構造用	その他
平成29年	179	99	80
30	**184**	**89**	**95**
対前年比（%）	102.8	89.9	118.8
構 成 比（%）			
平成29年	100.0	55.3	44.7
30	**100.0**	**48.4**	**51.6**

(3) 木材チップ

ア　木材チップ工場数

木材チップ工場数は1,303工場で、前年に比べ61工場（4.5%）減少した。

これを専門・兼営区分別にみると、「木材チップ専門工場」は344工場で、前年に比べ16工場（4.4%）、「製材又は合単板工場等との兼営工場」は959工場で、45工場（4.5%）それぞれ減少した（表18）。

表18　専門・兼営区分別木材チップ工場数
（各年12月31日現在）

単位：工場

年次	計	木材チップ専門工場	製材又は合単板工場等との兼営工場
平成29年	1,364	360	1,004
30	**1,303**	**344**	**959**
対前年比（%）	95.5	95.6	95.5
構成比（%）			
平成29年	100.0	26.4	73.6
30	**100.0**	**26.4**	**73.6**

イ　木材チップ用素材入荷量

木材チップ用素材入荷量は 458 万6千m^3で、前年に比べ7万4千m^3（1.6%）減少した。

これを国産材、輸入材別にみると、大層を占める国産材は458万5千m^3で、前年に比べ6万9千m^3（1.5%）、輸入材は1千m^3で、5千m^3（83.3%）それぞれ減少した（表19、図11）。

図11　木材チップ用素材入荷量の推移

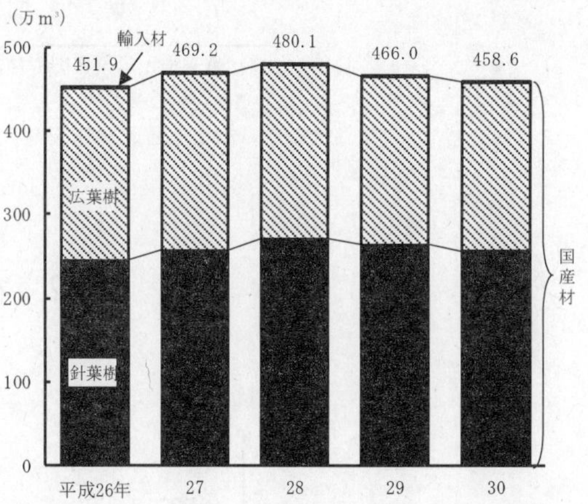

表19　材種別木材チップ用素材入荷量

単位：千m^3

年次	計	国産材			輸入材					
		小計	針葉樹	広葉樹	小計	南洋材	米材	北洋材	ニュージーランド材	その他
平成29年	4,660	4,654	2,645	2,012	6	−	5	0	1	−
30	**4,586**	**4,585**	**2,569**	**2,016**	**1**	**−**	**−**	**0**	**1**	**−**
対前年比（%）	98.4	98.5	97.1	100.2	16.7	nc	−	nc	100.0	nc
構成比（%）										
平成29年	100.0	99.9	56.8	43.2	0.1	−	0.1	0.0	0.0	−
30	**100.0**	**100.0**	**56.0**	**44.0**	**0.0**	**−**	**−**	**0.0**	**0.0**	**−**

ウ　木材チップ生産量

木材チップ生産量は570万6千tで、前年に比べ24万8千t（4.2%）減少した。

これを原材料別にみると、素材（原木）は248万1千tで、前年に比べ7万4千t（2.9%）、工場残材は209万7千tで、9万1千t（4.2%）、林地残材は10万5千tで、2万2千t（17.3%）、解体材・廃材は102万3千tで、6万4千t（5.9%）それぞれ減少した。

また、針葉樹・広葉樹別にみると、針葉樹は345万2千tで、前年に比べ10万2千t（2.9%）、広葉樹は123万1千tで、8万1千t（6.2%）それぞれ減少した（表20、図12）。

表20 木材チップ生産量

区　分	平成29年	30	対前年比	構成比
	千t	千t	%	%
木材チップ生産量	5,954	**5,706**	95.8	100.0
原材料別				
素材（原木）	2,555	**2,481**	97.1	43.5
工場残材	2,188	**2,097**	95.8	36.8
林地残材	127	**105**	82.7	1.8
解体材・廃材	1,087	**1,023**	94.1	17.9
針葉樹・広葉樹別				
針葉樹	3,554	**3,452**	97.1	-
広葉樹	1,312	**1,231**	93.8	-

注：針葉樹・広葉樹別には解体材・廃材を含んでいない。

図12　木材チップ生産量の推移

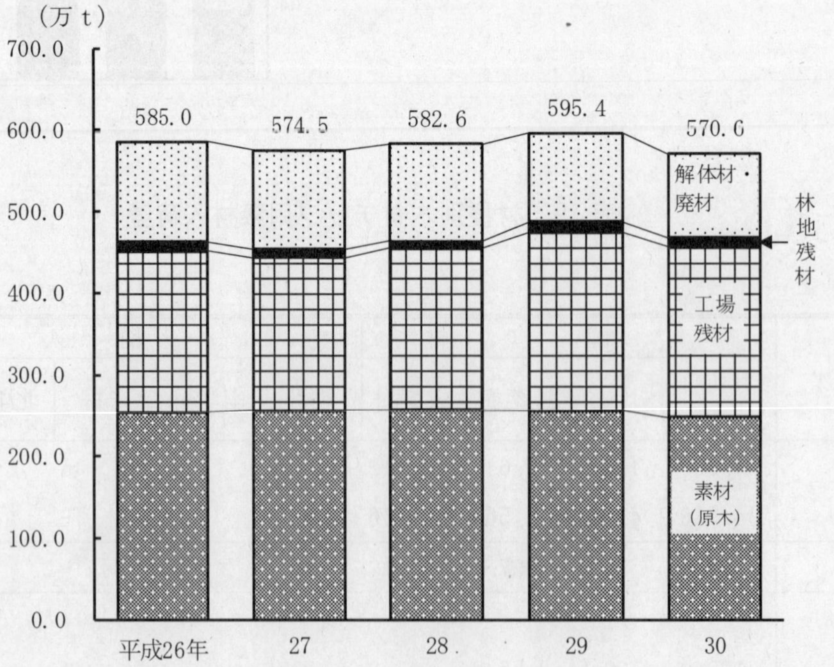

(4)　集成材及びＣＬＴ

ア　集成材及びＣＬＴ工場数

集成材工場数は165工場で、前年と変わらず、ＣＬＴ工場数は９工場で前年に比べ２工場（28.6%）増加した（表21）。

表21 集成材及びＣＬＴ工場数

単位：工場

区　分	集成材工場	ＣＬＴ工場
平成29年	165	7
30	**165**	**9**
対前年比（%）	100.0	128.6

イ　ラミナ消費量

ラミナ消費量は271万１千㎥で、前年に比べ６万４千㎥（2.3%）減少した。

これを用途別にみると集成材用が269万１千㎥で、前年に比べ６万４千㎥（2.3%）減少し、ＣＬＴ用が２万㎥で前年並みであった（表22）。

表22 ラミナ消費量

単位：千m^3

区　分	計	集成材用	ＣＬＴ用
平成29年	2,775	2,755	20
30	**2,711**	**2,691**	**20**
対前年比（%）	97.7	97.7	100.0
構成比（%）			
平成29年	100.0	99.3	0.7
30	**100.0**	**99.3**	**0.7**

ウ　集成材生産量

集成材生産量は192万３千㎥で、前年に比べ４万８千㎥（2.4%）減少した。

これを用途別にみると構造用が185万２千㎥で、前年に比べ６千㎥（0.3%）減少した（表23）。

表23　集成材生産量

単位：千m^3

区　分	計	構造用				その他
		小計	大断面	中断面	小断面	
平成29年	1,971	1,858	55	865	938	113
30	**1,923**	**1,852**	**27**	784	1,041	71
対前年比（%）	97.6	99.7	49.1	90.6	111.0	62.8
構成比（%）						
平成29年	100.0	94.3	2.8	43.9	47.6	5.7
30	**100.0**	**96.3**	**1.4**	**40.8**	**54.1**	**3.7**

エ　ＣＬＴ生産量

ＣＬＴ生産量は１万４千m^3で前年並みであった。

これを用途別にみると構造用が１万３千m^3で、前年に比べ１千m^3（7.1%）減少した（表24）。

表24　ＣＬＴ生産量

単位：千m^3

区　分	計	構造用	その他
平成29年	14	14	-
30	**14**	**13**	**1**
対前年比（%）	100.0	92.9	nc
構 成 比（%）			
平成29年	100.0	100.0	-
30	**100.0**	**92.9**	**7.1**

3　木材価格の動向

(1)　素材価格（丸太価格）（表 25、図 13）

平成 30 年の品目別の価格の動向は次のとおりである。

ア　「まつ中丸太」（径 24.0～28.0cm、長 3.65～4.0m）は、３月から７月が低下傾向であったものの、９月から 12 月において上昇傾向で推移し、年平均では１万 2,800 円（１m^3当たり。以下同じ。）となった。

イ　「すぎ中丸太」（径 14.0～22.0cm、長 3.65～4.0m）は、２月から６月は低下傾向だったものの、７月から 11 月において上昇傾向で推移し、年平均では１万 3,600 円となった。

ウ　「ひのき中丸太」（径 14.0～22.0cm、長 3.65～4.0m）は、５月と６月に低下したものの、他の月は上昇傾向で推移し、年平均では１万 8,400 円となった。

エ　「米つが丸太」（径 30.0cm 上、長 6.0m上）は、ほぼ横ばいに推移し、年平均では２万 6,800 円となった。

オ　「北洋えぞまつ丸太」（径 20.0～28.0cm、長 3.8m上）は、年間を通じて横ばいに推移し、年平均では２万 6,300 円となった。

表25　素　材　価　格

単位：円／m^3

年　次	まつ 中丸太	すぎ 中丸太	ひのき 中丸太	米つが 丸太	北洋えぞまつ 丸太
	径 24.0～28.0cm 長 3.65～ 4.0m	径 14.0～22.0cm 長 3.65～ 4.0m	径 14.0～22.0cm 長 3.65～ 4.0m	径 30.0 cm上 長 6.0 m上	径 20.0～28.0cm 長 3.8m 上
	込　み	込　み	込　み	No.3	込　み
平均価格					
平成28年	12,800	12,300	17,600	25,000	23,300
29	12,300	13,100	18,100	23,000	24,400
30	**12,800**	**13,600**	**18,400**	**26,800**	**26,300**
対前年差					
平成28年	200	△ 400	0	200	△ 2,300
29	△ 500	800	500	△ 2,000	1,100
30	**nc**	**nc**	**nc**	**nc**	**nc**

注：　平成30年１月から、平成28年の素材・木材製品の生産動向等を踏まえ、調査都道府県、調査対象工場等の見直しを行ったことから、平成29年以前の数値とは接続しない（以下の図表ともに同じ。）。

図13 素材価格の推移

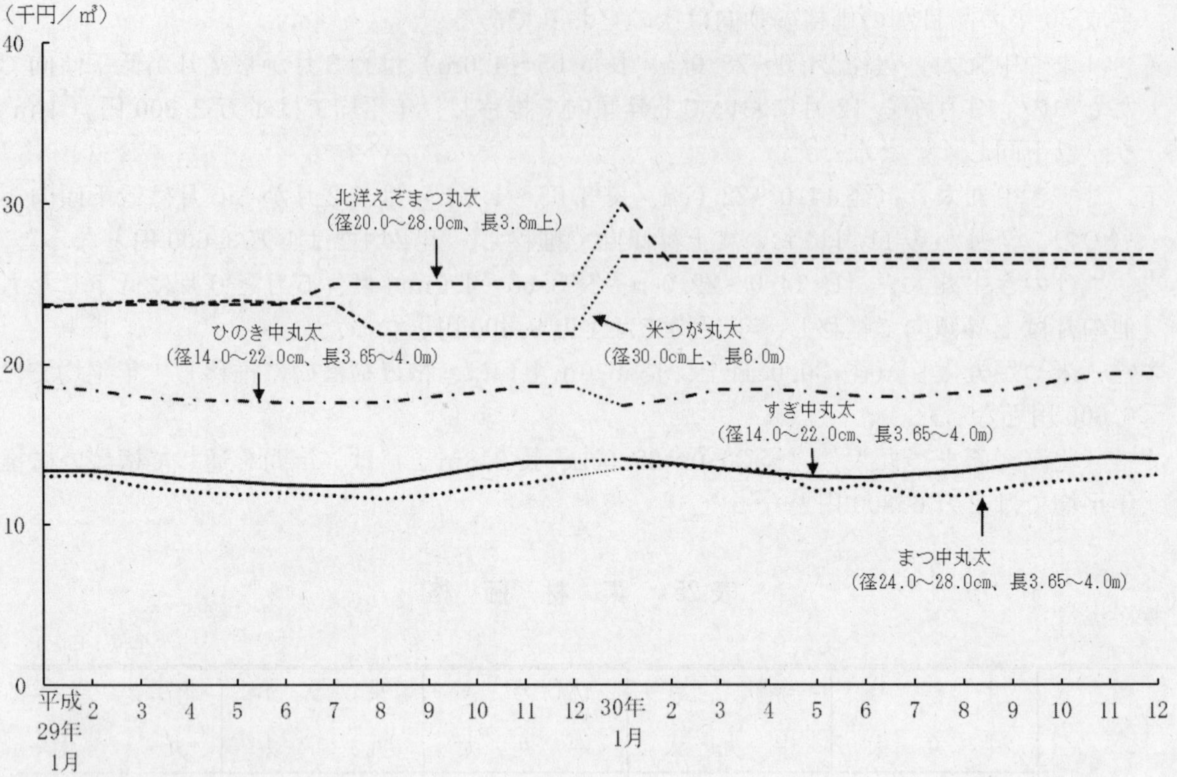

(2)　**木材製品卸売価格**（表26、図14、図15）

平成30年の品目別の価格の動向は次のとおりである。

ア　製材品

(ｱ)　「まつ平角」（厚 10.5～12.0cm、幅 24.0 cm、長 3.65～4.0m）は、年間を通じて横ばいに推移し、年平均では6万2,200円となった。

(ｲ)　「すぎ正角」（厚 10.5cm、幅 10.5 cm、長 3.0m）は、11月に上昇したものの、他の月は横ばいに推移し、年平均では6万1,200円となった。

(ｳ)　「ひのき正角」（厚 10.5cm、幅 10.5 cm、長 3.0m）は、6月と9月に低下したものの、12月に上昇に推移し、年平均では7万6,600円となった。

(ｴ)　「米まつ平角」（厚 10.5～12.0 cm、幅 24.0 cm、長 3.65～4.0m）は、2月から6月まで上昇傾向で、その後横ばいに推移し、年平均では6万6,200円となった。

(ｵ)　「米つが正角（防腐処理材）」（厚 12.0cm、幅 12.0 cm、長 4.0m）は、2月から7月まで上昇傾向で、その後ほぼ横ばいに推移し、年平均では8万2,600円となった。

イ　合板

「針葉樹合板」（厚 1.2cm、幅 91.0 cm、長 1.82m）は、年間を通してほぼ横ばいに推移し、年平均では1,290円となった。

表26　木材製品卸売価格

年　次	まつ平角	すぎ正角	ひのき正角	米まつ平角	米つが正角（防腐処理材）	針葉樹合板
	厚　10.5～12.0 cm 幅　24.0 cm 長　3.65～ 4.0 m	厚　10.5 cm 幅　10.5 cm 長　3.0 m	厚　10.5 cm 幅　10.5 cm 長　3.0 m	厚　10.5～12.0 cm 幅　24.0 cm 長　3.65～ 4.0 m	厚　12.0 cm 幅　12.0 cm 長　4.0 m	厚　1.2 cm 幅　91.0 cm 長　1.82 m
	2　級	2　級	2　級	2　級	2　級	1　類
平均価格	円／㎥	円／㎥	円／㎥	円／㎥	円／㎥	円／枚
平成28年	58,200	57,400	79,300	69,900	75,400	1,190
29	58,200	57,600	80,300	70,200	75,600	1,270
30	**62,200**	**61,200**	**76,600**	**66,200**	**82,600**	**1,290**
対前年差						
平成28年	0	△ 700	700	△ 500	100	100
29	0	200	1,000	300	200	80
30	**nc**	**nc**	**nc**	**nc**	**nc**	**nc**

図14　製材品価格の推移

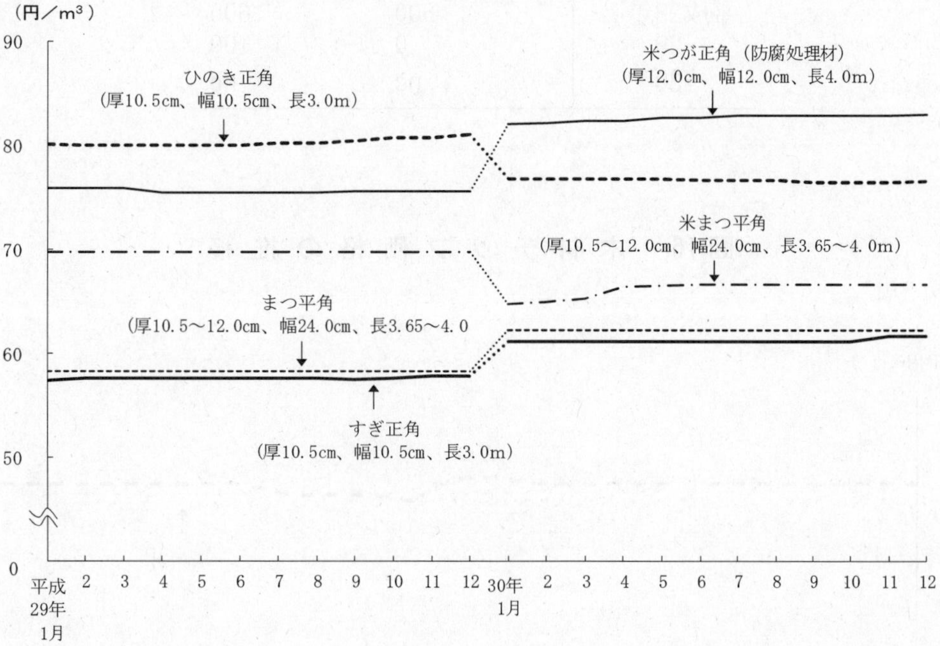

図15　針葉樹合板価格の推移

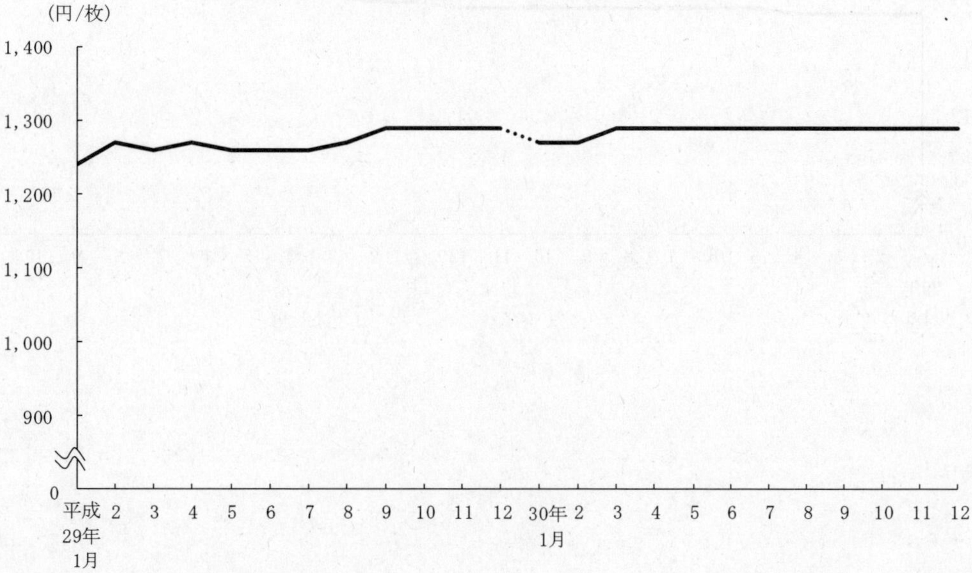

(3) 木材チップ価格

平成 30 年の平均価格は、年間を通じてほぼ上昇傾向に推移し、年平均で針葉樹が 1 万 4,000 円、広葉樹が 1 万 8,700 円となった（表 27、図 16）。

表27 木材チップ価格（パルプ向け）

単位：円／t

年次	針葉樹	広葉樹
平均価格		
平成28年	13,800	18,400
29	13,800	18,500
30	**14,000**	**18,700**
対前年差		
平成28年	500	600
29	0	100
30	**nc**	**nc**

図16 木材チップ価格の推移

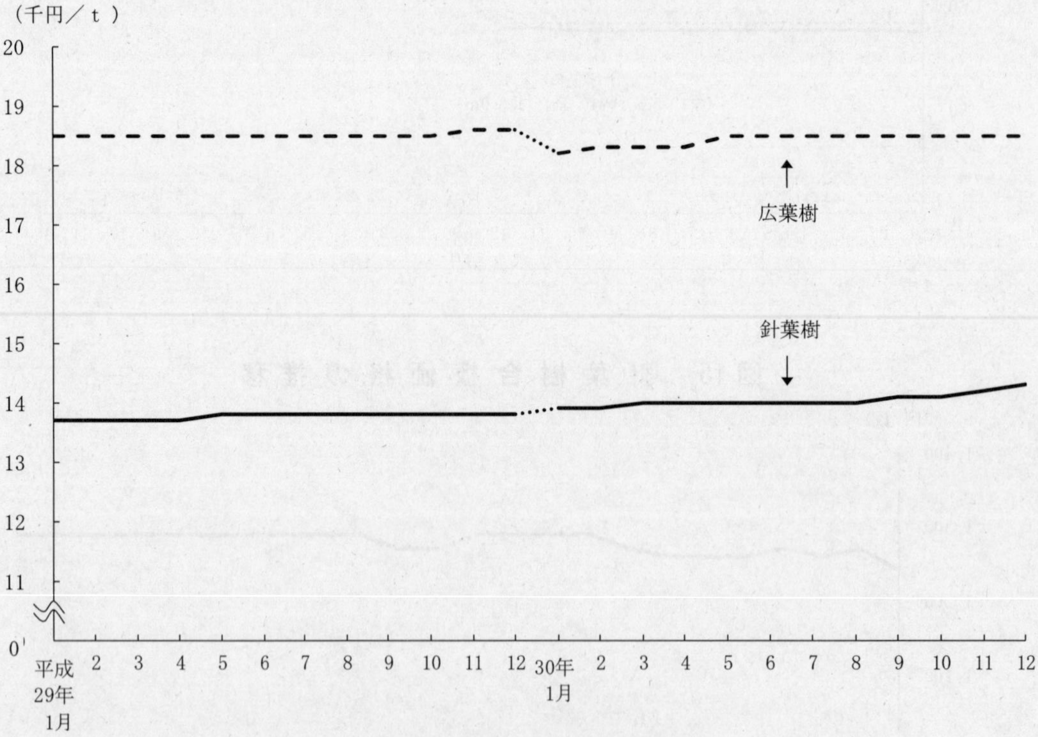

Ⅱ 統 計 表

〔総 括 表〕

1　素材需給の動向

(1)　素材の需給

ア　需要部門別、供給部門別素材需給

単位：千m^3

供給部門 / 需要部門	計	国産材			輸入材					
		小計	針葉樹	広葉樹	小計	南洋材	米材	北洋材	ﾆｭｰｼﾞｰﾗﾝﾄﾞ材	その他
実　　数										
計	**26,545**	**21,640**	**19,462**	**2,178**	**4,905**	**175**	**3,746**	**359**	**440**	**185**
製　材　用	16,672	12,563	12,421	142	4,109	43	3,224	243	415	184
合 板 等 用	5,287	4,492	4,472	20	795	132	522	116	24	1
木材ﾁｯﾌﾟ用	4,586	4,585	2,569	2,016	1	-	-	0	1	-
対前年比（%）										
計	**100.3**	**101.1**	**101.1**	**101.2**	**97.0**	**80.6**	**96.5**	**103.2**	**94.4**	**124.2**
製　材　用	99.2	99.5	99.3	118.3	98.5	51.8	98.2	100.4	98.6	126.9
合 板 等 用	105.7	109.0	109.0	95.2	90.1	98.5	87.9	109.4	54.5	25.0
木材ﾁｯﾌﾟ用	98.4	98.5	97.1	100.2	16.7	nc	-	nc	100.0	nc
構成比（%）										
（需要部門）										
計	**100.0**	**81.5**	**73.3**	**8.2**	**18.5**	**0.7**	**14.1**	**1.4**	**1.7**	**0.7**
製　材　用	100.0	75.4	74.5	0.9	24.6	0.3	19.3	1.5	2.5	1.1
合 板 等 用	100.0	85.0	84.6	0.4	15.0	2.5	9.9	2.2	0.5	0.0
木材ﾁｯﾌﾟ用	100.0	100.0	56.0	44.0	0.0	-	-	0.0	0.0	-
（供給部門）										
計	100.0	100.0	100.0	100.0	100.0	100.0	100.0	100.0	100.0	100.0
製　材　用	62.8	58.1	63.8	6.5	83.8	24.6	86.1	67.7	94.3	99.5
合 板 等 用	19.9	20.8	23.0	0.9	16.2	75.4	13.9	32.3	5.5	0.5
木材ﾁｯﾌﾟ用	17.3	21.2	13.2	92.6	0.0	-	-	0.0	0.2	-

注：木材チップ用には、木材チップ工場に入荷した原料のうち素材の入荷量のみを計上した。

イ　需要部門別素材需要量

単位：千m^3

年　次	計	製材用	合板等用 （合板用）	木材チップ用
実　数				
平成26年	25,585	16,661	4,405	4,519
27	25,092	16,182	4,218	4,692
28	26,029	16,590	4,638	4,801
29	26,466	16,802	5,004	4,660
30	**26,545**	**16,672**	**5,287**	**4,586**
対前年比（%）				
平成26年	98.3	96.5	105.4	98.7
27	98.1	97.1	95.8	103.8
28	103.7	102.5	110.0	102.3
29	nc	101.3	nc	97.1
30	**100.3**	**99.2**	**105.7**	**98.4**
構成比（%）				
平成26年	100.0	65.1	17.2	17.7
27	100.0	64.5	16.8	18.7
28	100.0	63.7	17.8	18.4
29	100.0	63.5	18.9	17.6
30	**100.0**	**62.8**	**19.9**	**17.3**

注：　平成29年調査から、素材需要量のうち「合板用」を新たにＬＶＬ用を含めた「合板等用」に変更したため平成29年の数値は平成28年以前の数値とは比較ができないことから「nc」表記とした（以下の表において同じ。）。

ウ　材種別素材供給量

(ア)　合計

単位：千m^3

年　次	計	国　産　材			輸　入　材					
		小計	針葉樹	広葉樹	小計	南洋材	米材	北洋材	ニュージーランド材	その他
実　数										
平成26年	25,585	19,916	17,743	2,173	5,669	304	4,238	436	524	167
27	25,092	20,049	17,815	2,236	5,045	272	3,803	343	473	151
28	26,029	20,660	18,470	2,188	5,370	243	4,106	381	458	179
29	26,466	21,408	19,258	2,153	5,059	217	3,882	348	466	149
30	**26,545**	**21,640**	**19,462**	**2,178**	**4,905**	**175**	**3,746**	**359**	**440**	**185**
対前年比（%）										
平成26年	98.3	101.4	102.9	90.5	88.8	105.6	88.4	95.2	79.3	92.8
27	98.1	100.7	100.4	102.9	89.0	89.5	89.7	78.7	90.3	90.4
28	103.7	103.0	103.7	97.9	106.4	89.3	108.0	111.1	96.8	118.5
29	nc	nc	nc	nc	nc	nc	nc	nc	nc	nc
30	**100.3**	**101.1**	**101.1**	**101.2**	**97.0**	**80.6**	**96.5**	**103.2**	**94.4**	**124.2**
構成比（%）										
平成26年	100.0	77.8	69.3	8.5	22.2	1.2	16.6	1.7	2.0	0.7
27	100.0	79.9	71.0	8.9	20.1	1.1	15.2	1.4	1.9	0.6
28	100.0	79.4	71.0	8.4	20.6	0.9	15.8	1.5	1.8	0.7
29	100.0	80.9	72.8	8.1	19.1	0.8	14.7	1.3	1.8	0.6
30	**100.0**	**81.5**	**73.3**	**8.2**	**18.5**	**0.7**	**14.1**	**1.4**	**1.7**	**0.7**

注：　素材供給量は、素材需要量（製材工場、合単板工場及び木材チップ工場への素材の入荷量）をもって供給量としているため素材需要量と同様の理由で平成28年以前の数値とは比較ができないことから「nc」表記とした（以下の表において同じ。）。

(1)　素材の需給（続き）

ウ　材種別素材供給量（続き）

(ｲ)　製材用

単位：千m^3

年次	計	国産材			輸入材					
		小計	針葉樹	広葉樹	小計	南洋材	米材	北洋材	ニュージーランド材	その他
実数										
平成26年	16,661	12,211	12,116	95	4,450	88	3,365	347	489	161
27	16,182	12,004	11,900	105	4,178	79	3,259	243	450	146
28	16,590	12,182	12,088	93	4,408	59	3,513	230	430	174
29	16,802	12,632	12,512	120	4,171	83	3,283	242	421	145
30	**16,672**	**12,563**	**12,421**	**142**	**4,109**	**43**	**3,224**	**243**	**415**	**184**
対前年比（%）										
平成26年	96.5	101.3	101.5	75.4	85.4	106.0	85.8	88.7	76.5	91.0
27	97.1	98.3	98.2	110.5	93.9	89.8	96.8	70.0	92.0	90.7
28	102.5	101.5	101.6	88.6	105.5	74.7	107.8	94.7	95.6	119.2
29	101.3	103.7	103.5	129.0	94.6	140.7	93.5	105.2	97.9	83.3
30	**99.2**	**99.5**	**99.3**	**118.3**	**98.5**	**51.8**	**98.2**	**100.4**	**98.6**	**126.9**
構成比（%）										
平成26年	100.0	73.3	72.7	0.6	26.7	0.5	20.2	2.1	2.9	1.0
27	100.0	74.2	73.5	0.6	25.8	0.5	20.1	1.5	2.8	0.9
28	100.0	73.4	72.9	0.6	26.6	0.4	21.2	1.4	2.6	1.0
29	100.0	75.2	74.5	0.7	24.8	0.5	19.5	1.4	2.5	0.9
30	**100.0**	**75.4**	**74.5**	**0.9**	**24.6**	**0.3**	**19.3**	**1.5**	**2.5**	**1.1**

(ｳ)　合板等用

単位：千m^3

年次	計	国産材			輸入材					
		小計	針葉樹	広葉樹	小計	南洋材	米材	北洋材	ニュージーランド材	その他
実数										
平成26年	4,405	3,191	3,177	14	1,214	216	869	88	35	6
27	4,218	3,356	3,340	16	864	193	544	100	20	5
28	4,638	3,682	3,667	15	957	184	588	151	28	5
29	5,004	4,122	4,101	21	882	134	594	106	44	4
30	**5,287**	**4,492**	**4,472**	**20**	**795**	**132**	**522**	**116**	**24**	**1**
対前年比（%）										
平成26年	105.4	105.8	105.7	140.0	104.2	105.9	99.8	x	x	200.0
27	95.8	105.2	105.1	114.3	71.2	89.4	62.6	113.6	57.1	83.3
28	110.0	109.7	109.8	93.8	110.8	95.3	108.1	151.0	140.0	100.0
29	nc	nc	nc	nc	nc	nc	nc	nc	nc	nc
30	**105.7**	**109.0**	**109.0**	**95.2**	**90.1**	**98.5**	**87.9**	**109.4**	**54.5**	**25.0**
構成比（%）										
平成26年	100.0	72.4	72.1	0.3	27.6	4.9	19.7	2.0	0.8	0.1
27	100.0	79.6	79.2	0.4	20.5	4.6	12.9	2.4	0.5	0.1
28	100.0	79.4	79.1	0.3	20.6	4.0	12.7	3.3	0.6	0.1
29	100.0	82.4	82.0	0.4	17.6	2.7	11.9	2.1	0.9	0.1
30	**100.0**	**85.0**	**84.6**	**0.4**	**15.0**	**2.5**	**9.9**	**2.2**	**0.5**	**0.0**

(ｴ) 木材チップ用

単位：千m³

年次	計	国産材			輸入材					
		小計	針葉樹	広葉樹	小計	南洋材	米材	北洋材	ニュージーランド材	その他
実数										
平成26年	4,519	4,514	2,450	2,064	5	−	4	1	−	−
27	4,692	4,689	2,575	2,115	3	0	0	0	3	−
28	4,801	4,796	2,715	2,080	5	−	5	0	−	−
29	4,660	4,654	2,645	2,012	6	−	5	0	1	−
30	**4,586**	**4,585**	**2,569**	**2,016**	**1**	−	−	**0**	**1**	−
対前年比（%）										
平成26年	98.7	98.7	106.2	91.2	100.0	−	200.0	x	x	nc
27	103.8	103.9	105.1	102.5	60.0	nc	0.0	0.0	nc	nc
28	102.3	102.3	105.4	98.3	166.7	nc	nc	nc	−	nc
29	97.1	97.0	97.4	96.7	120.0	nc	100.0	nc	nc	nc
30	**98.4**	**98.5**	**97.1**	**100.2**	**16.7**	**nc**	−	**nc**	100.0	**nc**
構成比（%）										
平成26年	100.0	99.9	54.2	45.7	0.1	−	0.1	0.0	−	−
27	100.0	99.9	54.9	45.1	0.1	0.0	0.0	0.0	0.1	−
28	100.0	99.9	56.6	43.3	0.1	−	0.1	0.0	−	−
29	100.0	99.9	56.8	43.2	0.1	−	0.1	0.0	0.0	−
30	**100.0**	**100.0**	**56.0**	**44.0**	**0.0**	−	−	**0.0**	**0.0**	−

(2) 素材生産量

ア 需要部門別素材生産量

単位：千m³

年次	計	製材用	合板等用（合板用）	木材チップ用
実数				
平成26年	19,916	12,211	3,191	4,514
27	20,049	12,004	3,356	4,689
28	20,660	12,182	3,682	4,796
29	21,408	12,632	4,122	4,654
30	**21,640**	**12,563**	**4,492**	**4,585**
対前年比（%）				
平成26年	101.4	101.3	105.8	98.7
27	100.7	98.3	105.2	103.9
28	103.0	101.5	109.7	102.3
29	nc	103.7	nc	97.0
30	**101.1**	**99.5**	**109.0**	**98.5**
構成比（%）				
平成26年	100.0	61.3	16.0	22.7
27	100.0	59.9	16.7	23.4
28	100.0	59.0	17.8	23.2
29	100.0	59.0	19.3	21.7
30	**100.0**	**58.1**	**20.8**	**21.2**

(2)　素材生産量（続き）

イ　樹種別、需要部門別素材生産量

単位：千m^3

需要部門 / 供給部門	計	製材用	合板等用	木材チップ用
計	**21,640**	**12,563**	**4,492**	**4,585**
針葉樹	19,462	12,421	4,472	2,569
あかまつ・くろまつ	628	156	189	283
すぎ	12,532	8,237	2,851	1,444
ひのき	2,771	2,159	360	252
からまつ	2,252	1,106	803	343
えぞまつ・とどまつ	1,114	701	242	171
その他	165	62	27	76
広葉樹	2,178	142	20	2,016

ウ　樹種別素材生産量

単位：千m^3

年次	計	針葉樹							広葉樹
		小計	あかまつ・くろまつ	すぎ	ひのき	からまつ	えぞまつ・とどまつ	その他	
実数									
平成26年	19,916	17,743	674	11,194	2,395	2,369	958	153	2,173
27	20,049	17,815	779	11,226	2,364	2,299	969	170	2,236
28	20,660	18,470	678	11,848	2,460	2,312	1,013	153	2,188
29	21,408	19,258	641	12,276	2,762	2,290	1,090	198	2,153
30	**21,640**	**19,462**	**628**	**12,532**	**2,771**	**2,252**	**1,114**	**165**	**2,178**
対前年比（%）									
平成26年	101.4	102.9	108.0	102.7	104.1	104.7	94.7	105.5	90.5
27	100.7	100.4	115.6	100.3	98.7	97.0	101.1	111.1	102.9
28	103.0	103.7	87.0	105.5	104.1	100.6	104.5	90.0	97.9
29	nc	nc	nc	nc	nc	nc	nc	nc	nc
30	**101.1**	**101.1**	**98.0**	**102.1**	**100.3**	**98.3**	**102.2**	**83.3**	**101.2**
構成比（%）									
平成26年	100.0	89.1	3.4	56.2	12.0	11.9	4.8	0.8	10.9
27	100.0	88.9	3.9	56.0	11.8	11.5	4.8	0.8	11.2
28	100.0	89.4	3.3	57.3	11.9	11.2	4.9	0.7	10.6
29	100.0	90.0	3.0	57.3	12.9	10.7	5.1	0.9	10.1
30	**100.0**	**89.9**	**2.9**	**57.9**	**12.8**	**10.4**	**5.1**	**0.8**	**10.1**

2　木材産業の動向

(1)　製材

ア　製材用動力の出力階層別工場数

単位：工場

年　次	計	7.5～75.0kW未満	75.0～300.0	300.0kw以上	1,000.0kW以上
実　数					
平成26年	5,469	3,455	1,597	417	…
27	5,206	3,239	1,551	416	…
28	4,934	3,030	1,491	413	…
29	4,814	2,924	1,466	424	71
30	**4,582**	**2,750**	**1,405**	**427**	**71**
対前年比（%）					
平成26年	96.1	95.6	97.2	96.5	nc
27	95.2	93.7	97.1	99.8	nc
28	94.8	93.5	96.1	99.3	nc
29	97.6	nc	nc	nc	nc
30	**95.2**	**94.0**	**95.8**	**100.7**	**100.0**
構成比（%）					
平成26年	100.0	63.2	29.2	7.6	nc
27	100.0	62.2	29.8	8.0	nc
28	100.0	61.4	30.2	8.4	nc
29	100.0	60.7	30.5	8.8	1.5
30	**100.0**	**60.0**	**30.7**	**9.3**	**1.5**

注：1　平成29年調査から出力階層区分を「7.5～ 75.0kW未満」、「75.0～300.0」、「300.0kW以上」及び300.0kW以上の「うち1,000.0kW以上」に変更した。
　このため、平成28年以前の数値については変更前の出力階層区分別の結果を上記区分に再集計した結果である（以下イにおいて同じ。）。

2　300.0kW以上の「うち1,000.0kW以上」は、平成28年以前の遡及ができないことから、対前年比及び構成比を「nc」表記とした（以下イにおいて同じ。）。

3　平成29年調査から都道府県計推定に用いる階層区分の指標を製材動力の出力数から素材消費量に変更した。
　このため、製材用動力の出力階層別工場数については、調査票データを出力階層別に組替集計した結果であり、平成28年以前の数値とは比較ができないことから「nc」表記とした（以下イにおいて同じ。）。

(1)　製材（続き）

イ　製材用動力の出力階層別出力数

単位：kW

年次	計	7.5～75.0kW未満	75.0～300.0	300.0kw以上	うち1,000.0kW以上	1工場当たり出力数
実数						
平成26年	654, 943	131, 571	223, 267	300, 106	…	120
27	652, 696	124, 724	219, 333	308, 640	…	125
28	623, 486	114, 976	209, 257	299, 254	…	126
29	632, 385	109, 725	208, 080	314, 580	144, 372	131
30	**624, 978**	**102, 884**	**199, 368**	**322, 725**	**148, 564**	**136**
対前年比（%）						
平成26年	97. 9	95. 8	98. 0	98. 7	nc	101. 9
27	99. 7	94. 8	98. 2	102. 8	nc	104. 7
28	95. 5	92. 2	95. 4	97. 0	nc	100. 8
29	101. 4	nc	nc	nc	nc	104. 0
30	**98. 8**	**93. 8**	**95. 8**	**102. 6**	**102. 9**	**103. 8**
構成比（%）						
平成26年	100. 0	20. 1	34. 1	45. 8	nc	−
27	100. 0	19. 1	33. 6	47. 3	nc	−
28	100. 0	18. 4	33. 6	48. 0	nc	−
29	100. 0	17. 4	32. 9	49. 7	22. 8	−
30	**100. 0**	**16. 5**	**31. 9**	**51. 6**	**23. 8**	**−**

ウ　素材の入荷類型別製材工場数及び入荷量

年　次	計		国産材のみ		国産材と輸入材				輸入材のみ	
					国産材が50%以上		輸入材が50%以上			
	工場数	入荷量	工場数	入荷量	工場数	入荷量	工場数	入荷量	工場数	入荷量
実　数	工場	千m^3	工場	千m^3	工場	千m^3	工場	千m^3	工場	千m^3
平成26年	5,436	16,661	4,112	11,161	673	1,128	338	1,700	313	2,672
27	5,119	16,182	3,906	11,009	578	1,025	345	1,792	290	2,353
28	4,867	16,590	3,716	11,212	572	934	302	1,972	277	2,470
29	4,782	16,802	3,642	11,449	502	1,088	370	1,918	268	2,344
30	**4,551**	**16,672**	**3,521**	**11,628**	**540**	**820**	**252**	**1,906**	**238**	**2,318**
対前年比（%）										
平成26年	96.1	96.5	99.2	101.7	89.4	102.5	82.4	81.3	89.7	86.0
27	94.2	97.1	95.0	98.6	85.9	90.9	102.1	105.4	92.7	88.1
28	95.1	102.5	95.1	101.8	99.0	91.1	87.5	110.0	95.5	105.0
29	98.3	101.3	98.0	102.1	87.8	116.5	122.5	97.3	96.8	94.9
30	**95.2**	**99.2**	**96.7**	**101.6**	**107.6**	**75.4**	**68.1**	**99.4**	**88.8**	**98.9**
構成比（%）										
平成26年	100.0	100.0	75.6	67.0	12.4	6.8	6.2	10.2	5.8	16.0
27	100.0	100.0	76.3	68.0	11.3	6.3	6.7	11.1	5.7	14.5
28	100.0	100.0	76.4	67.6	11.8	5.6	6.2	11.9	5.7	14.9
29	100.0	100.0	76.2	68.1	10.5	6.5	7.7	11.4	5.6	14.0
30	**100.0**	**100.0**	**77.4**	**69.7**	**11.9**	**4.9**	**5.5**	**11.4**	**5.2**	**13.9**

注：工場数は、各年において製材用素材の入荷のあった工場数である。

エ　製材用素材の輸入材入荷量のうち半製品入荷量

単位：千m^3

年　次	計	南洋材	米　材	北洋材	ニュージーランド材	その他
実　数						
平成26年	398	17	121	159	16	85
27	296	16	108	124	23	22
28	408	7	131	151	10	110
29	411	10	127	163	27	84
30	**382**	**3**	**88**	**151**	**28**	**112**
対前年比（%）						
平成26年	77.4	130.8	76.1	91.9	59.3	59.9
27	74.4	94.1	89.3	78.0	143.8	25.9
28	137.8	43.8	121.3	121.8	43.5	500.0
29	100.7	142.9	96.9	107.9	270.0	76.4
30	**92.9**	**30.0**	**69.3**	**92.6**	**103.7**	**133.3**
1）割　合（%）						
平成26年	8.9	19.3	3.6	45.8	3.2	52.8
27	7.1	20.3	3.3	51.0	5.1	15.1
28	9.3	11.9	3.7	65.7	2.3	63.2
29	9.9	12.0	3.9	67.4	6.4	57.9
30	**9.3**	**7.0**	**2.7**	**62.1**	**6.7**	**60.9**

注：1)は、製材用輸入材供給（入荷）量に占める半製品入荷量の割合である。

(1)　製材（続き）

オ　用途別製材品出荷量

単位：千m^3

年次	計		建築用材					
		人工乾燥材	小計	人工乾燥材	板類	人工乾燥材	ひき割類	人工乾燥材
実数								
平成26年	9, 595	3, 219	7, 875	3, 182	1, 711	442	2, 839	938
27	9, 231	3, 153	7, 481	3, 132	1, 561	381	2, 760	1, 005
28	9, 293	3, 421	7, 623	3, 389	1, 469	395	2, 915	1, 213
29	9, 457	3, 929	7, 766	3, 884	1, 676	563	2, 794	1, 313
30	**9, 202**	**3, 930**	**7, 468**	**3, 897**	**1, 674**	**597**	**2, 876**	**1, 431**
対前年比（%）								
平成26年	95. 0	107. 9	95. 3	107. 9	102. 2	114. 5	92. 9	96. 3
27	96. 2	97. 9	95. 0	98. 4	91. 2	86. 2	97. 2	107. 1
28	100. 7	108. 5	101. 9	108. 2	94. 1	103. 7	105. 6	120. 7
29	101. 8	114. 8	101. 9	114. 6	114. 1	142. 5	95. 8	108. 2
30	**97. 3**	**100. 0**	**96. 2**	**100. 3**	**99. 9**	**106. 0**	**102. 9**	**109. 0**
構成比（%）								
平成26年	100. 0	33. 5	82. 1	40. 4	17. 8	25. 8	29. 6	33. 0
27	100. 0	34. 2	81. 0	41. 9	16. 9	24. 4	29. 9	36. 4
28	100. 0	36. 8	82. 0	44. 5	15. 8	26. 9	31. 4	41. 6
29	100. 0	41. 5	82. 1	50. 0	17. 7	33. 6	29. 5	47. 0
30	**100. 0**	**42. 7**	**81. 2**	**52. 2**	**18. 2**	**35. 7**	**31. 3**	**49. 8**

年次	建築用材（続き）		土木建設用材	木箱仕組板・こん包用材	家具・建具用材	その他用材
	ひき角類	人工乾燥材				
実数						
平成26年	3, 325	1, 802	409	1, 033	56	222
27	3, 162	1, 747	410	1, 048	63	227
28	3, 238	1, 784	376	1, 019	51	221
29	3, 293	2, 006	371	1, 067	61	193
30	**2, 918**	**1, 869**	**376**	**1, 125**	**61**	**172**
対前年比（%）						
平成26年	94. 0	113. 3	85. 9	95. 3	98. 2	101. 8
27	95. 1	96. 9	100. 2	101. 5	112. 5	102. 3
28	102. 4	102. 1	91. 7	97. 2	81. 0	97. 4
29	101. 7	112. 4	98. 7	104. 7	119. 6	87. 3
30	**88. 6**	**93. 2**	**101. 3**	**105. 4**	**100. 0**	**89. 1**
構成比（%）						
平成26年	34. 7	54. 2	4. 3	10. 8	0. 6	2. 3
27	34. 3	55. 2	4. 4	11. 4	0. 7	2. 5
28	34. 8	55. 1	4. 0	11. 0	0. 5	2. 4
29	34. 8	60. 9	3. 9	11. 3	0. 6	2. 0
30	**31. 7**	**64. 1**	**4. 1**	**12. 2**	**0. 7**	**1. 9**

(2)　合単板及びＬＶＬ

ア　工場類型別合単板工場数

単位：工場

年　次	計	単板のみ	普通合板のみ	普通合板と特殊合板	特殊合板のみ
実　　数					
平成26年	186	14	29	3	140
27	185	14	31	3	137
28	183	14	30	2	137
29	181	13	32	2	134
30	**180**	**10**	**33**	**1**	**136**
対前年比（%）					
平成26年	95.4	100.0	93.5	150.0	94.6
27	99.5	100.0	106.9	100.0	97.9
28	98.9	100.0	96.8	66.7	100.0
29	98.9	92.9	106.7	100.0	97.8
30	**99.4**	**76.9**	**103.1**	**50.0**	**101.5**
構成比（%）					
平成26年	100.0	7.5	15.6	1.6	75.3
27	100.0	7.6	16.8	1.6	74.1
28	100.0	7.7	16.4	1.1	74.9
29	100.0	7.2	17.7	1.1	74.0
30	**100.0**	**5.6**	**18.3**	**0.6**	**75.6**

イ　ＬＶＬ工場数

単位：工場

年　次	工場数
実　　数	
平成29年	13
30	**11**
対前年比（%）	
平成29年	nc
30	**84.6**

(2)　合単板及びＬＶＬ（続き）

ウ　単板消費量

単位：千m^3

年次	合計					合板用				
	計	自社生産		他社から購入		計	自社生産		他社から購入	
		国産材	輸入材	国産材	輸入材		国産材	輸入材	国産材	輸入材
実数										
平成29年	3,855	2,767	553	211	324	3,599	2,576	519	197	307
30	3,901	2,915	443	223	320	3,640	2,716	415	208	301
対前年比（%）										
平成29年	nc	nc	nc	nc	nc	nc	nc	nc	nc	nc
30	101.2	105.3	80.1	105.7	98.8	101.1	105.4	80.0	105.6	98.0
構成比（%）										
平成29年	100.0	71.8	14.3	5.5	8.4	93.4	66.8	13.5	5.1	8.0
30	100.0	74.7	11.4	5.7	8.2	93.3	69.6	10.6	5.3	7.7

年次	ＬＶＬ用				
	計	自社生産		他社から購入	
		国産材	輸入材	国産材	輸入材
実数					
平成29年	256	191	34	14	17
30	261	199	28	15	19
対前年比（%）					
平成29年	nc	nc	nc	nc	nc
30	102.0	104.2	82.4	107.1	111.8
構成比（%）					
平成29年	6.6	5.0	0.9	0.4	0.4
30	6.7	5.1	0.7	0.4	0.5

エ　普通合板の厚さ別生産量

単位：千m^3

年次	計	6㎜未満	6～12	12～24	24㎜以上
実数					
平成26年	2,813	101	314	1) 2,398	…
27	2,756	58	332	1,355	1,010
28	3,063	58	406	1,457	1,141
29	3,287	77	443	1,513	1,254
30	3,298	70	458	1,535	1,235
対前年比（%）					
平成26年	100.1	102.0	92.6	101.1	nc
27	98.0	57.4	105.7	nc	nc
28	111.1	100.0	122.3	107.5	113.0
29	107.3	132.8	109.1	103.8	109.9
30	100.3	90.9	103.4	101.5	98.5
構成比（%）					
平成26年	100.0	3.6	11.2	85.2	nc
27	100.0	2.1	12.0	49.2	36.6
28	100.0	1.9	13.3	47.6	37.3
29	100.0	2.3	13.5	46.0	38.2
30	100.0	2.1	13.9	46.5	37.4

注：1　「エ　普通合板の厚さ別生産量」は、平成27年から厚さ区分を前の区分「3㎜未満」、「3～6」、「6～12」及び「12㎜以上」から「6㎜未満」、「6～12」、「12～24」及び「24㎜以上」に変更した（以下オにおいて同じ。）。
2　「12～24」及び「24㎜以上」は、平成26年以前の遡及ができないことから、対前年比及び構成比を「nc」表記とした（以下オにおいて同じ。）。
3　1）は「24㎜以上」を含む（以下オにおいて同じ。）。

オ　針葉樹合板の厚さ別生産量（普通合板の内数）

単位：千m^3

年　次	計	6㎜未満	6～12	12～24	24㎜以上
実　　数					
平成26年	2,615	23	286	1) 2,306	…
27	2,569	9	309	1,273	977
28	2,888	8	390	1,386	1,104
29	3,143	23	418	1,452	1,249
30	**3,150**	**20**	**437**	**1,465**	**1,228**
対前年比（%）					
平成26年	99.5	85.2	93.8	100.5	nc
27	98.2	39.1	108.0	nc	nc
28	112.4	88.9	126.2	108.9	113.0
29	108.8	287.5	107.2	104.8	113.1
30	**100.2**	**87.0**	**104.5**	**100.9**	**98.3**
構成比（%）					
平成26年	100.0	0.9	10.9	88.2	nc
27	100.0	0.4	12.0	49.6	38.0
28	100.0	0.3	13.5	48.0	38.2
29	100.0	0.7	13.3	46.2	39.7
30	**100.0**	**0.6**	**13.9**	**46.5**	**39.0**

カ　構造用合板の厚さ別生産量（針葉樹合板の内数）

単位：千m^3

年　次	計	6㎜未満	6～12	12～24	24㎜以上
実　　数					
平成29年	3,011	20	360	1,393	1,236
30	**2,971**	**20**	**306**	**1,425**	**1,220**
対前年比（%）					
平成29年	nc	nc	nc	nc	nc
30	**98.7**	**100.0**	**85.0**	**102.3**	**98.7**
構成比（%）					
平成29年	100.0	0.7	12.0	46.3	41.0
30	**100.0**	**0.7**	**10.3**	**48.0**	**41.1**

(2)　合単板及びＬＶＬ（続き）

キ　特殊合板生産量

単位：千m^3

年　次	生産量
実　数	
平成26年	584
27	524
28	642
29	623
30	**580**
対前年比（％）	
平成26年	89.3
27	89.7
28	122.5
29	97.0
30	**93.1**

ク　ＬＶＬ生産量

単位：千m^3

年　次	合　計				構　造　用	
	計	国産材	輸入材	混　合	計	国産材
実　数						
平成29年	179	144	31	4	99	72
30	**184**	**147**	**31**	**6**	**89**	**63**
対前年比（％）						
平成29年	nc	nc	nc	nc	nc	nc
30	**102.8**	**102.1**	**100.0**	**150.0**	**89.9**	**87.5**
構成比（％）						
平成29年	100.0	80.4	17.3	2.2	55.3	40.2
30	**100.0**	**79.9**	**16.8**	**3.3**	**48.4**	**34.2**

年　次	構　造　用（続き）		そ　の　他			
	輸入材	混　合	計	国産材	輸入材	混　合
実　数						
平成29年	27	0	80	72	4	4
30	**26**	**-**	**95**	**84**	**5**	**6**
対前年比（％）						
平成29年	nc	nc	nc	nc	nc	nc
30	**96.3**	**nc**	**118.8**	**116.7**	**125.0**	**150.0**
構成比（％）						
平成29年	15.1	0.0	44.7	40.2	2.2	2.2
30	**14.1**	**-**	**51.6**	**45.7**	**2.7**	**3.3**

(3)　木材チップ

ア　専門・兼営区分別木材チップ工場数

単位:工場

年　次	計	専門・兼営区分別	
		木材チップ専門工場	製材又は合単板工場等との兼営工場
実　　数			
平成26年	1,477	385	1,092
27	1,424	357	1,067
28	1,393	370	1,023
29	1,364	360	1,004
30	**1,303**	**344**	**959**
対前年比（%）			
平成26年	97.8	99.0	97.4
27	96.4	92.7	97.7
28	97.8	103.6	95.9
29	97.9	nc	nc
30	**95.5**	**95.6**	**95.5**
構成比（%）			
平成26年	100.0	26.1	73.9
27	100.0	25.1	74.9
28	100.0	26.6	73.4
29	100.0	26.4	73.6
30	**100.0**	**26.4**	**73.6**

注：　平成29年調査から、「製材又は合単板工場との兼営工場」を新たに調査対象に追加した集成材工場、ＬＶＬ工場、ＣＬＴ工場との兼営工場を含めた「製材又は合単板工場等との兼営工場」に変更したため平成28年以前の数値とは比較ができない。
　また、平成28年までは「木材チップ専門工場」に集成材工場、ＬＶＬ工場、ＣＬＴ工場との兼営工場が含まれていたため平成28年以前の数値とは比較ができない（以下ウにおいて同じ。）。

イ　原材料の入手区分別、樹種別木材チップ生産量

単位:千t

年　次	計	入手区分別						1) 樹種別	
		素　材（原木）	工場残材			林地残材	解体材・廃材	針葉樹	広葉樹
			小計	自工場から振り向けたもの	他の工場から購入したもの				
実　　数									
平成26年	5,850	2,537	1,980	1,631	349	110	1,223	3,222	1,405
27	5,745	2,558	1,870	1,621	249	105	1,207	3,183	1,353
28	5,826	2,567	1,976	1,675	301	87	1,194	3,289	1,342
29	5,954	2,555	2,188	1,906	282	127	1,087	3,554	1,312
30	**5,706**	**2,481**	**2,097**	**1,823**	**274**	**105**	**1,023**	**3,452**	**1,231**
対前年比（%）									
平成26年	90.7	97.2	98.7	96.5	110.4	77.5	72.2	100.5	90.6
27	98.2	100.8	94.4	99.4	71.3	95.5	98.7	98.8	96.3
28	101.4	100.4	105.7	103.3	120.9	82.9	98.9	103.3	99.2
29	102.2	99.5	110.7	113.8	93.7	146.0	91.0	108.1	97.8
30	**95.8**	**97.1**	**95.8**	**95.6**	**97.2**	**82.7**	**94.1**	**97.1**	**93.8**
構成比（%）									
平成26年	100.0	43.4	33.8	27.9	6.0	1.9	20.9	－	－
27	100.0	44.5	32.6	28.2	4.3	1.8	21.0	－	－
28	100.0	44.1	33.9	28.8	5.2	1.5	20.5	－	－
29	100.0	42.9	36.7	32.0	4.7	2.1	18.3	－	－
30	**100.0**	**43.5**	**36.8**	**31.9**	**4.8**	**1.8**	**17.9**	**－**	**－**

注：1)の樹種別生産量には解体材・廃材を含んでいない。

(3)　木材チップ（続き）

ウ　専門･兼営区分別木材チップ生産量

単位：千t

年次	計	専門・兼営区分別	
		木材チップ専門工場	製材又は合単板工場等との兼営工場
実数			
平成26年	5,850	3,488	2,362
27	5,747	3,344	2,402
28	5,826	3,370	2,455
29	5,954	3,261	2,693
30	**5,706**	**3,097**	**2,609**
対前年比（%）			
平成26年	90.7	86.7	97.2
27	98.2	95.9	101.7
28	101.4	100.8	102.2
29	102.2	nc	nc
30	**95.8**	**95.0**	**96.9**
構成比（%）			
平成26年	100.0	59.6	40.4
27	100.0	58.2	41.8
28	100.0	57.8	42.1
29	100.0	54.8	45.2
30	**100.0**	**54.3**	**45.7**

(4)　集成材及びＣＬＴ

ア　集成材及びＣＬＴ工場数

単位：工場

年　次	集成材工場	ＣＬＴ工場
実　数		
平成29年	165	9
30	165	7
対前年比（%）		
平成29年	nc	nc
30	100.0	128.6

イ　ラミナ消費量

単位：千m³

年　次	合計					集成材用		
	計	自社生産		他社から購入		計	自社生産	
		国産材	輸入材	国産材	輸入材		国産材	輸入材
実　数								
平成29年	2,775	393	248	535	1,599	2,755	390	248
30	2,711	520	157	551	1,483	2,691	516	157
対前年比（%）								
平成29年	nc	nc	nc	nc	nc	nc	nc	nc
30	97.7	132.3	63.3	103.0	92.7	97.7	132.3	63.3
構成比（%）								
平成29年	100.0	14.2	8.9	19.3	57.6	99.3	14.1	8.9
30	100.0	19.2	5.8	20.3	54.7	99.3	19.0	5.8

年　次	集成材用（続き）		ＣＬＴ用				
	他社から購入		計	自社生産		他社から購入	
	国産材	輸入材		国産材	輸入材	国産材	輸入材
実　数							
平成29年	518	1,599	20	3	−	17	−
30	535	1,483	20	4	−	16	−
対前年比（%）							
平成29年	nc	nc	nc	nc	nc	nc	nc
30	103.3	92.7	100.0	133.3	nc	94.1	nc
構成比（%）							
平成29年	18.7	57.6	0.7	0.1	−	0.6	−
30	19.7	54.7	0.7	0.1	−	0.6	−

(4)　集成材及びＣＬＴ（続き）

ウ　集成材生産量

単位：千m^3

年次	合計				構造用			
	計	国産材	輸入材	混合	計	国産材	輸入材	混合
実数								
平成29年	1,971	539	1,305	127	1,858	497	1,237	124
30	**1,923**	**667**	**1,121**	**135**	**1,852**	**628**	**1,089**	**135**
対前年比（%）								
平成29年	nc	nc	nc	nc	nc	nc	nc	nc
30	**97.6**	**123.7**	**85.9**	**106.3**	**99.7**	**126.4**	**88.0**	**108.9**
構成比（%）								
平成29年	100.0	27.3	66.2	6.4	94.3	25.2	62.8	6.3
30	**100.0**	**34.7**	**58.3**	**7.0**	**96.3**	**32.7**	**56.6**	**7.0**

年次	その他			
	計	国産材	輸入材	混合
実数				
平成29年	113	42	68	3
30	**71**	**39**	**32**	**-**
対前年比（%）				
平成29年	nc	nc	nc	nc
30	**62.8**	**92.9**	**47.1**	**-**
構成比（%）				
平成29年	5.7	2.1	3.5	0.2
30	**3.7**	**2.0**	**1.7**	**-**

エ　ＣＬＴ生産量

単位：千m^3

年次	合計	構造用	その他
実数			
平成29年	14	14	-
30	**14**	**13**	**1**
対前年比（%）			
平成29年	nc	nc	nc
30	**100.0**	**92.9**	**nc**
構成比（%）			
平成29年	100.0	100.0	-
30	**100.0**	**92.9**	**7.1**

3　木材価格の動向

(1)　素材価格（丸太価格）

ア　製材用素材価格

単位：円／m^3

年次・月次	まつ中丸太		すぎ小丸太		すぎ中丸太				すぎ大丸太	
	径 24.0～28.0 cm		径 8.0～13.0 cm		径 14.0～22.0 cm		径 24.0～28.0 cm		径 30.0～36.0 cm	
	長 3.65～ 4.0 m		長 3.65～4.0 m		長 3.65～ 4.0 m		長 3.65～ 4.0 m		長 3.65～ 4.0 m	
	込　み	対前月(年)差	込　み	対前月(年)差	込　み	対前月(年)差	込　み	対前月(年)差	込　み	対前月(年)差
平成28年	12,800	200	10,900	△ 600	12,300	△ 400	12,800	△ 400	13,300	△ 600
29	12,300	△ 500	11,200	300	13,100	800	13,600	800	13,700	400
30	**12,800**	**nc**	**11,400**	**nc**	**13,600**	**nc**	**14,400**	**nc**	**13,900**	**nc**
平成30年1月	13,500	nc	11,600	nc	14,100	nc	15,000	nc	14,300	nc
2	13,700	200	11,400	△ 200	13,800	△ 300	14,600	△ 400	14,300	0
3	13,400	△ 300	11,400	0	13,500	△ 300	14,300	△ 300	13,900	△ 400
4	13,400	0	11,400	0	13,200	△ 300	14,100	△ 200	13,800	△ 100
5	12,100	△ 1,300	11,200	△ 200	13,000	△ 200	13,800	△ 300	13,600	△ 200
6	12,500	400	11,200	0	12,900	△ 100	13,600	△ 200	13,500	△ 100
7	11,800	△ 700	11,100	△ 100	13,100	200	13,900	300	13,600	100
8	11,800	0	11,300	200	13,300	200	14,100	200	13,700	100
9	12,400	600	11,400	100	13,700	400	14,600	500	13,900	200
10	12,700	300	11,600	200	14,000	300	14,900	300	14,000	100
11	12,900	200	11,800	200	14,200	200	15,100	200	14,300	300
12	13,100	200	11,800	0	14,100	△ 100	15,000	△ 100	14,300	0

年次・月次	ひのき中丸太		からまつ中丸太		えぞ・とどまつ大丸太		米まつ丸太		米つが丸太	
	径 14.0～22.0 cm		径 14.0～28.0 cm		径 30.0～38.0 cm		径 30.0cm 上		径 30.0cm 上	
	長 3.65～ 4.0 m		長 3.65～ 4.0 m		長 3.65～ 4.0 m		長 6.0 m 上		長 6.0 m 上	
	込　み	対前月(年)差	込　み	対前月(年)差	込　み	対前月(年)差	№3	対前月(年)差	№3	対前月(年)差
平成28年	17,600	0	11,800	100	14,400	0	31,000	△ 1,100	25,000	200
29	18,100	500	11,900	100	14,500	100	32,600	1,600	23,000	△ 2,000
30	**18,400**	**nc**	**11,800**	**nc**	**14,900**	**nc**	**40,200**	**nc**	**26,800**	**nc**
平成30年1月	17,400	nc	11,500	nc	14,600	nc	28,900	nc	26,700	nc
2	17,800	400	11,500	0	14,900	300	38,100	9,200	26,700	0
3	18,400	600	11,500	0	14,900	0	39,300	1,200	26,700	0
4	18,400	0	11,600	100	14,900	0	40,100	800	26,700	0
5	18,300	△ 100	11,800	200	14,900	0	40,400	300	26,700	0
6	18,000	△ 300	11,800	0	14,900	0	42,600	2,200	26,700	0
7	18,000	0	11,800	0	14,900	0	40,700	△ 1,900	26,800	100
8	18,200	200	11,800	0	14,900	0	37,800	△ 2,900	26,800	0
9	18,400	200	11,800	0	14,900	0	44,900	7,100	26,800	0
10	19,000	600	11,800	0	14,900	0	45,200	300	26,800	0
11	19,400	400	12,100	300	14,900	0	42,100	△ 3,100	26,800	0
12	19,400	0	12,100	0	14,900	0	42,700	600	26,800	0

(1)　素材価格（丸太価格）（続き）

ア　製材用素材価格（続き）　　イ　合単板用素材価格　　ウ　木材チップ用素材価格

単位：円／m^3　　単位：円／m^3　　単位：円／m^3

年次・月次	北洋えぞまつ丸太 径 20.0～28.0 cm 長 3.8 m 上		すぎ丸太 径 18.0 cm 上		針葉樹丸太		広葉樹丸太	
	込み	対前月(年)差	合板適材	対前月(年)差	チップ向け	対前月(年)差	チップ向け	対前月(年)差
平成28年	23,300	△ 2,300	10,700	0	5,600	400	9,000	200
29	24,400	1,100	10,800	100	5,700	100	9,100	100
30	**26,300**	**nc**	**11,000**	**nc**	**6,100**	**nc**	**9,200**	**nc**
平成30年1月	26,300	nc	10,900	nc	6,000	nc	9,100	nc
2	26,300	0	10,900	0	6,000	0	9,200	100
3	26,300	0	11,000	100	6,100	100	9,200	0
4	26,300	0	11,000	0	6,000	△ 100	9,200	0
5	26,300	0	11,000	0	6,000	0	9,200	0
6	26,300	0	10,900	△ 100	6,000	0	9,200	0
7	26,300	0	11,000	100	6,000	0	9,200	0
8	26,300	0	11,000	0	6,000	0	9,200	0
9	26,300	0	11,000	0	6,100	100	9,200	0
10	26,300	0	11,100	100	6,200	100	9,200	0
11	26,300	0	11,100	0	6,200	0	9,200	0
12	26,300	0	11,300	200	6,200	0	9,300	100

(2)　木材製品卸売価格

単位：円／m^3

年次・月次	まつ平角		すぎ正角						すぎ正角（乾燥材）			
	厚 10.5～12.0 cm 幅 24.0 cm 長 3.65～4.0 m		厚 10.5 cm 幅 10.5 cm 長 3.0 m		厚 12.0 cm 幅 12.0 cm 長 3.0 m		厚 10.5 cm 幅 10.5 cm 長 3.65～4.0 m		厚 10.5 cm 幅 10.5 cm 長 3.0 m		厚 12.0 cm 幅 12.0 cm 長 3.0 m	
	2　級	対前月(年)差	2　級	対前月(年)差	2　級	対前月(年)差	2　級	対前月(年)差	2　級	対前月(年)差	2　級	対前月(年)差
平成28年	58,200	0	57,400	△ 700	54,800	△ 700	52,200	△ 500	65,100	0	64,600	700
29	58,200	0	57,600	200	54,400	△ 400	52,200	0	66,200	1,100	66,200	1,600
30	62,200	nc	61,200	nc	58,900	nc	54,100	nc	66,500	nc	68,800	nc
平成30年1月	62,200	nc	61,100	nc	58,600	nc	54,000	nc	66,300	nc	68,800	nc
2	62,200	0	61,100	0	58,600	0	53,900	△ 100	66,300	0	68,700	△ 100
3	62,200	0	61,100	0	58,600	0	54,000	100	66,300	0	68,700	0
4	62,200	0	61,100	0	58,600	0	54,000	0	66,300	0	68,600	△ 100
5	62,200	0	61,100	0	58,600	0	54,000	0	66,300	0	68,600	0
6	62,200	0	61,100	0	58,600	0	54,000	0	66,300	0	68,500	△ 100
7	62,200	0	61,100	0	58,600	0	54,000	0	66,300	0	68,600	100
8	62,200	0	61,100	0	58,600	0	54,000	0	66,300	0	68,600	0
9	62,200	0	61,100	0	58,600	0	54,000	0	66,900	600	69,100	500
10	62,200	0	61,100	0	58,600	0	54,000	0	67,000	100	69,100	0
11	62,200	0	61,600	500	60,500	1,900	54,600	600	67,000	0	69,100	0
12	62,200	0	61,600	0	60,500	0	54,600	0	67,000	0	69,100	0

年次・月次	ひのき正角						ひのき正角（乾燥材）				えぞ・とどまつ正角	
	厚 10.5 cm 幅 10.5 cm 長 3.0 m		厚 12.0 cm 幅 12.0 cm 長 3.0 m		厚 10.5 cm 幅 10.5 cm 長 3.65～4.0 m		厚 10.5 cm 幅 10.5 cm 長 3.0 m		厚 12.0 cm 幅 12.0 cm 長 3.0 m		厚 10.5 cm 幅 10.5 cm 長 3.65～4.0 m	
	2　級	対前月(年)差	2　級	対前月(年)差	2　級	対前月(年)差	2　級	対前月(年)差	2　級	対前月(年)差	2　級	対前月(年)差
平成28年	79,300	700	79,100	100	78,000	0	83,000	△ 1,600	87,100	△ 600	58,400	0
29	80,300	1,000	79,600	500	79,000	1,000	84,900	1,900	88,700	1,600	58,400	0
30	76,600	nc	73,000	nc	75,300	nc	85,600	nc	86,900	nc	59,800	nc
平成30年1月	76,700	nc	73,100	nc	75,400	nc	85,500	nc	87,000	nc	58,500	nc
2	76,700	0	73,100	0	75,400	0	85,500	0	87,000	0	58,500	0
3	76,700	0	73,100	0	75,400	0	85,500	0	86,800	△ 200	58,500	0
4	76,700	0	73,100	0	75,400	0	85,500	0	86,800	0	58,500	0
5	76,700	0	73,100	0	75,400	0	85,500	0	86,800	0	60,400	1,900
6	76,600	△ 100	73,000	△ 100	75,200	△ 200	85,500	0	86,800	0	60,400	0
7	76,600	0	73,000	0	75,200	0	85,500	0	86,800	0	60,400	0
8	76,600	0	73,000	0	75,200	0	85,600	100	86,900	100	60,400	0
9	76,400	△ 200	73,000	0	75,200	0	85,600	0	86,900	0	60,400	0
10	76,400	0	73,000	0	75,200	0	85,600	0	86,900	0	60,500	100
11	76,400	0	73,000	0	75,200	0	85,600	0	86,900	0	60,500	0
12	76,500	100	73,000	0	75,300	100	85,700	100	87,000	100	60,500	0

(2)　木材製品卸売価格（続き）

単位：円／m³

年次・月次	えぞ・とどまつ板		米まつ平角		米つが正角（防腐処理材）		米つが正角（防腐処理材・乾燥材）		北洋えぞまつ板	
	厚 1.2～1.5 cm 幅 21.0～24.0 cm 長 3.65～4.0 m		厚 10.5～12.0 cm 幅 24.0 cm 長 3.65～4.0 m		厚 12.0 cm 幅 12.0 cm 長 4.0 m		厚 12.0 cm 幅 12.0 cm 長 4.0 m		厚 1.2 ～ 1.5 cm 幅 15.0 cm 長 3.65～4.0 m	
	1　級	対前月(年)差	2　級	対前月(年)差	2　級	対前月(年)差	2　級	対前月(年)差	1　級	対前月(年)差
平成28年	55,900	0	69,900	△ 500	75,400	100	89,800	△ 100	69,700	0
29	55,900	0	70,200	300	75,600	200	89,900	100	69,700	0
30	55,900	nc	66,200	nc	82,600	nc	90,500	nc	x	nc
平成30年1月	55,900	nc	64,700	nc	82,000	nc	90,500	nc	x	nc
2	55,900	0	64,900	200	82,100	100	90,500	0	x	x
3	55,900	0	65,200	300	82,300	200	90,500	0	x	x
4	55,900	0	66,400	1,200	82,300	0	90,500	0	x	x
5	55,900	0	66,500	100	82,600	300	90,500	0	x	x
6	55,900	0	66,600	100	82,600	0	90,500	0	x	x
7	55,900	0	66,600	0	82,800	200	90,500	0	x	x
8	55,900	0	66,600	0	82,800	0	90,500	0	x	x
9	55,900	0	66,600	0	82,800	0	90,500	0	x	x
10	55,900	0	66,600	0	82,800	0	90,500	0	x	x
11	55,900	0	66,600	0	82,800	0	90,500	0	x	x
12	55,900	0	66,600	0	82,900	100	90,500	0	x	x

(3)　木材チップ価格

単位：円／t

年次・月次	針葉樹合板		ホワイトウッド集成管柱		針葉樹		広葉樹	
	厚 1.2 cm 幅 91.0 cm 長 1.82 m		厚 10.5 cm 幅 10.5 cm 長 3.0 m					
	1　類	対前月(年)差	1　等	対前月(年)差	パルプ向け	対前月(年)差	パルプ向け	対前月(年)差
	円／枚	円／枚	円／本	円／本				
平成28年	1,190	100	2,700	100	13,800	500	18,400	600
29	1,270	80	2,600	△ 100	13,800	0	18,500	100
30	1,290	nc	2,500	nc	14,000	nc	18,700	nc
平成30年1月	1,270	nc	2,500	nc	13,900	nc	18,600	nc
2	1,270	0	2,500	0	13,900	0	18,600	0
3	1,290	20	2,500	0	14,000	100	18,600	0
4	1,290	0	2,500	0	14,000	0	18,700	100
5	1,290	0	2,500	0	14,000	0	18,700	0
6	1,290	0	2,500	0	14,000	0	18,700	0
7	1,290	0	2,500	0	14,000	0	18,700	0
8	1,290	0	2,500	0	14,000	0	18,700	0
9	1,290	0	2,500	0	14,100	100	18,800	100
10	1,290	0	2,500	0	14,100	0	18,800	0
11	1,290	0	2,500	0	14,200	100	18,900	100
12	1,290	0	2,500	0	14,300	100	18,900	0

〔都道府県別、月別統計〕

1　素材需給の動向

(1)　素材需要量

ア　主要部門別、自県・他県・輸入材別素材入荷量

(ｱ)　合計

単位：千m^3

全国・都道府県	計	国産材			輸入材					
		小計	自県材	他県材	小計	南洋材	米材	北洋材	ニュージーランド材	その他
全国(1)	**26,545**	**21,640**	**15,972**	**5,668**	**4,905**	**175**	**3,746**	**359**	**440**	**185**
北海道(2)	3,118	3,033	3,033	-	85	45	x	0	-	x
青森(3)	588	586	540	46	2	-	x	x	-	-
岩手(4)	1,270	1,259	1,031	228	11	-	x	x	-	-
宮城(5)	1,349	1,229	573	656	120	-	x	x	-	-
秋田(6)	1,518	1,480	1,178	302	38	x	x	x	-	x
山形(7)	374	372	251	121	2	-	2	-	-	-
福島(8)	977	911	639	272	66	-	54	-	-	12
茨城(9)	1,344	308	165	143	1,036	-	x	-	x	-
栃木10)	588	571	425	146	17	x	6	x	x	-
群馬11)	168	165	153	12	3	x	2	x	-	x
埼玉12)	89	88	60	28	1	-	1	-	-	-
千葉13)	179	122	85	37	57	x	17	39	x	-
東京14)	14	x	x	x	x	x	x	-	x	-
神奈川15)	9	x	x	x	x	-	x	-	-	-
新潟16)	261	131	91	40	130	85	x	x	-	-
富山17)	249	122	40	82	127	-	x	x	x	-
石川18)	386	318	112	206	68	0	44	24	-	-
福井19)	78	x	57	x	x	0	11	x	-	-
山梨20)	144	x	115	x	x	-	x	-	-	-
長野21)	215	201	197	4	14	x	9	0	x	-
岐阜22)	428	404	322	82	24	2	15	x	-	x
静岡23)	379	346	332	14	33	1	28	2	1	1
愛知24)	124	82	70	12	42	10	27	x	x	x
三重25)	378	291	201	90	87	4	66	x	4	x
滋賀26)	81	75	50	25	6	x	2	x	2	x
京都27)	428	282	118	164	146	-	56	x	-	x
大阪28)	13	4	2	2	9	0	8	x	x	-
兵庫29)	211	175	106	69	36	10	8	x	x	7
奈良30)	194	151	104	47	43	x	x	-	-	-
和歌山31)	258	222	171	51	36	-	11	-	x	x
鳥取32)	599	442	192	250	157	-	x	-	x	-
島根33)	918	758	420	338	160	x	125	17	x	-
岡山34)	327	324	235	89	3	x	x	x	-	-
広島35)	2,071	386	256	130	1,685	x	1,499	8	177	x
山口36)	287	176	142	34	111	0	106	0	5	0
徳島37)	469	402	254	148	67	-	67	-	-	-
香川38)	50	7	4	3	43	x	6	x	-	33
愛媛39)	775	617	440	177	158	x	124	x	x	-
高知40)	582	421	383	38	161	-	x	-	x	-
福岡41)	493	473	109	364	20	1	10	-	-	9
佐賀42)	216	213	66	147	3	-	3	-	-	-
長崎43)	100	96	89	7	4	x	x	-	x	-
熊本44)	1,155	1,104	728	376	51	2	33	x	x	-
大分45)	822	816	568	248	6	-	6	-	-	-
宮崎46)	1,862	1,843	1,521	322	19	x	10	x	4	4
鹿児島47)	406	x	x	x	x	-	-	-	x	-
沖縄48)	1	x	x	x	x	x	-	-	-	-

(イ) 製材用

単位：千m^3

計	国産材			輸入材						
	小計	自県材	他県材	小計	南洋材	米材	北洋材	ニュージーランド材	その他	
16,672	**12,563**	**9,384**	**3,179**	**4,109**	**43**	**3,224**	**243**	**415**	**184**	(1)
1,792	1,756	1,756	–	36	–	36	–	–	–	(2)
x	x	x	7	x	–	x	–	–	–	(3)
606	x	421	x	x	–	x	–	–	–	(4)
x	x	x	x	x	–	x	–	–	–	(5)
514	x	412	x	x	x	x	x	–	x	(6)
279	277	173	104	2	–	2	–	–	–	(7)
673	607	357	250	66	–	54	–	–	12	(8)
1,274	238	112	126	1,036	–	x	–	x	–	(9)
468	451	338	113	17	x	6	x	x	–	(10)
129	126	116	10	3	x	2	x	–	x	(11)
51	50	26	24	1	–	1	–	–	–	(12)
x	x	x	x	x	x	17	x	x	–	(13)
x	x	x	x	x	x	x	–	x	–	(14)
9	x	x	x	x	–	x	–	–	–	(15)
107	x	x	18	x	x	x	x	–	–	(16)
209	x	26	x	x	–	x	x	–	–	(17)
58	x	45	x	x	0	x	x	–	–	(18)
x	x	x	x	x	0	11	x	–	–	(19)
x	x	x	x	x	–	x	–	–	–	(20)
147	133	131	2	14	x	9	0	x	–	(21)
259	235	x	x	24	2	15	x	–	x	(22)
217	184	x	x	33	1	28	2	1	1	(23)
112	70	58	12	42	10	27	x	x	x	(24)
264	177	115	62	87	4	66	x	4	x	(25)
31	25	12	13	6	x	2	x	2	x	(26)
129	x	x	1	x	–	x	x	–	x	(27)
13	4	2	2	9	0	8	x	x	–	(28)
170	134	67	67	36	10	8	x	x	7	(29)
187	144	x	x	43	x	x	–	–	–	(30)
207	171	x	x	36	–	11	–	x	x	(31)
x	x	x	x	x	–	x	–	–	–	(32)
100	78	x	x	22	x	x	x	x	–	(33)
304	301	212	89	3	x	x	x	–	–	(34)
1,890	206	x	x	1,684	x	x	x	x	–	(35)
244	133	x	x	111	0	106	0	5	0	(36)
217	x	134	x	x	–	x	–	–	–	(37)
50	7	4	3	43	x	6	x	–	33	(38)
742	584	x	x	158	x	124	x	x	–	(39)
437	276	238	38	161	–	x	–	x	–	(40)
461	441	86	355	20	1	10	–	–	9	(41)
191	188	46	142	3	–	3	–	–	–	(42)
41	37	30	7	4	x	x	–	x	–	(43)
716	x	518	x	x	2	x	x	x	–	(44)
793	787	x	x	6	–	6	–	–	–	(45)
1,760	x	1,424	x	x	x	10	x	x	4	(46)
x	x	x	x	x	–	–	–	x	–	(47)
x	x	x	x	x	x	–	–	–	–	(48)

ア 主要部門別、自県・他県・輸入材別素材入荷量（続き）

(ｳ) 合板等用

単位：千m^3

全国・都道府県	計	国産材			輸入材					
		小計	自県材	他県材	小計	南洋材	米材	北洋材	ニュージーランド材	その他
全国 (1)	**5,287**	**4,492**	**2,368**	**2,124**	**795**	**132**	**522**	**116**	**24**	**1**
北海道 (2)	374	325	325	−	49	45	x	0	−	x
青森 (3)	x	x	x	1	x	−	x	x	−	−
岩手 (4)	x	x	x	x	x	−	−	x	−	−
宮城 (5)	997	x	x	602	x	−	x	x	−	−
秋田 (6)	x	x	x	207	x	x	x	x	−	−
山形 (7)	−	−	−	−	−	−	−	−	−	−
福島 (8)	−	−	−	−	−	−	−	−	−	−
茨城 (9)	−	−	−	−	−	−	−	−	−	−
栃木 (10)	−	−	−	−	−	−	−	−	−	−
群馬 (11)	−	−	−	−	−	−	−	−	−	−
埼玉 (12)	−	−	−	−	−	−	−	−	−	−
千葉 (13)	x	x	−	x	x	−	−	x	−	−
東京 (14)	−	−	−	−	−	−	−	−	−	−
神奈川 (15)	−	−	−	−	−	−	−	−	−	−
新潟 (16)	x	x	x	17	x	x	−	x	−	−
富山 (17)	−	−	−	−	−	−	−	−	−	−
石川 (18)	x	x	x	x	x	−	x	x	−	−
福井 (19)	−	−	−	−	−	−	−	−	−	−
山梨 (20)	−	−	−	−	−	−	−	−	−	−
長野 (21)	−	−	−	−	−	−	−	−	−	−
岐阜 (22)	x	x	x	48	−	−	−	−	−	−
静岡 (23)	x	x	x	8	−	−	−	−	−	−
愛知 (24)	−	−	−	−	−	−	−	−	−	−
三重 (25)	x	x	x	27	−	−	−	−	−	−
滋賀 (26)	−	−	−	−	−	−	−	−	−	−
京都 (27)	x	x	x	131	x	−	x	x	−	−
大阪 (28)	−	−	−	−	−	−	−	−	−	−
兵庫 (29)	−	−	−	−	−	−	−	−	−	−
奈良 (30)	−	−	−	−	−	−	−	−	−	−
和歌山 (31)	−	−	−	−	−	−	−	−	−	−
鳥取 (32)	x	x	x	239	x	−	x	−	x	−
島根 (33)	603	465	x	x	138	−	x	x	−	−
岡山 (34)	−	−	−	−	−	−	−	−	−	−
広島 (35)	x	x	x	−	x	x	x	x	x	x
山口 (36)	−	−	−	−	−	−	−	−	−	−
徳島 (37)	x	x	x	x	x	−	x	−	−	−
香川 (38)	−	−	−	−	−	−	−	−	−	−
愛媛 (39)	−	−	−	−	−	−	−	−	−	−
高知 (40)	−	−	−	−	−	−	−	−	−	−
福岡 (41)	−	−	−	−	−	−	−	−	−	−
佐賀 (42)	−	−	−	−	−	−	−	−	−	−
長崎 (43)	−	−	−	−	−	−	−	−	−	−
熊本 (44)	x	x	x	182	x	−	x	−	−	−
大分 (45)	−	−	−	−	−	−	−	−	−	−
宮崎 (46)	x	x	x	x	x	−	−	−	x	−
鹿児島 (47)	−	−	−	−	−	−	−	−	−	−
沖縄 (48)	−	−	−	−	−	−	−	−	−	−

(ｴ)　木材チップ用

単位：千m^3

計	国産材			輸入材						
	小計	自県材	他県材	小計	南洋材	米材	北洋材	ニュージーランド材	その他	
4,586	**4,585**	**4,220**	**365**	**1**	**–**	**–**	**0**	**1**	**–**	(1)
952	952	952	–	–	–	–	–	–	–	(2)
273	273	235	38	–	–	–	–	–	–	(3)
x	x	x	10	–	–	–	–	–	–	(4)
x	x	139	x	–	–	–	–	–	–	(5)
x	x	x	x	–	–	–	–	–	–	(6)
95	95	78	17	–	–	–	–	–	–	(7)
304	304	282	22	–	–	–	–	–	–	(8)
70	70	53	17	–	–	–	–	–	–	(9)
120	120	87	33	–	–	–	–	–	–	(10)
39	39	37	2	–	–	–	–	–	–	(11)
38	38	34	4	–	–	–	–	–	–	(12)
x	x	x	–	–	–	–	–	–	–	(13)
x	x	x	x	–	–	–	–	–	–	(14)
–	–	–	–	–	–	–	–	–	–	(15)
x	x	x	5	–	–	–	–	–	–	(16)
40	x	14	x	x	–	–	0	x	–	(17)
x	x	x	–	–	–	–	–	–	–	(18)
x	x	x	x	–	–	–	–	–	–	(19)
x	x	x	x	–	–	–	–	–	–	(20)
68	68	66	2	–	–	–	–	–	–	(21)
x	x	76	x	–	–	–	–	–	–	(22)
x	x	x	x	–	–	–	–	–	–	(23)
12	12	12	–	–	–	–	–	–	–	(24)
x	x	x	1	–	–	–	–	–	–	(25)
50	50	38	12	–	–	–	–	–	–	(26)
x	x	56	x	–	–	–	–	–	–	(27)
–	–	–	–	–	–	–	–	–	–	(28)
41	41	39	2	–	–	–	–	–	–	(29)
7	7	x	x	–	–	–	–	–	–	(30)
51	51	x	x	–	–	–	–	–	–	(31)
x	x	x	x	–	–	–	–	–	–	(32)
215	215	x	x	–	–	–	–	–	–	(33)
23	23	23	–	–	–	–	–	–	–	(34)
x	x	155	x	x	–	–	–	x	–	(35)
43	43	x	x	–	–	–	–	–	–	(36)
x	x	x	0	–	–	–	–	–	–	(37)
–	–	–	–	–	–	–	–	–	–	(38)
33	33	x	x	–	–	–	–	–	–	(39)
145	145	145	–	–	–	–	–	–	–	(40)
32	32	23	9	–	–	–	–	–	–	(41)
25	25	20	5	–	–	–	–	–	–	(42)
59	59	59	–	–	–	–	–	–	–	(43)
x	x	x	x	–	–	–	–	–	–	(44)
29	29	x	x	–	–	–	–	–	–	(45)
x	x	x	–	–	–	–	–	–	–	(46)
x	x	x	x	–	–	–	–	–	–	(47)
x	x	x	–	–	–	–	–	–	–	(48)

イ　主要部門別素材交流表

(ｱ)　合計

入荷県＼生産県	計	北海道	青森	岩手	宮城	秋田	山形	福島	茨城	栃木	群馬	埼玉
全　国 (1)	**21,640**	**3,335**	**899**	**1,514**	**614**	**1,285**	**355**	**859**	**405**	**577**	**234**	**74**
北海道 (2)	3,033	3,033	−	−	−	−	−	−	−	−	−	−
青　森 (3)	586	x	540	x	−	x	−	0	−	−	−	−
岩　手 (4)	1,259	x	188	1,031	14	20	−	x	−	−	−	−
宮　城 (5)	1,229	x	39	323	573	5	83	80	x	x	x	−
秋　田 (6)	1,480	x	75	60	0	1,178	6	x	1	1	−	−
山　形 (7)	372	−	−	31	x	69	251	x	−	−	−	−
福　島 (8)	911	1	3	8	7	5	1	639	163	74	5	0
茨　城 (9)	308	−	−	−	−	−	−	67	165	71	−	2
栃　木 (10)	571	−	−	0	0	−	−	52	71	425	16	4
群　馬 (11)	165	1	−	1	−	−	0	−	1	2	153	5
埼　玉 (12)	88	−	−	−	−	−	−	−	0	0	x	60
千　葉 (13)	122	x	−	−	−	−	−	−	x	−	−	x
東　京 (14)	x	−	−	−	−	−	−	−	0	−	x	x
神奈川 (15)	x	−	−	−	−	−	−	−	−	−	−	x
新　潟 (16)	131	−	−	−	x	x	14	7	0	0	7	−
富　山 (17)	122	−	−	−	−	−	−	−	2	0	4	1
石　川 (18)	318	−	x	−	−	−	−	−	x	−	x	x
福　井 (19)	x	−	−	−	−	−	−	0	−	−	−	−
山　梨 (20)	x	−	−	−	−	−	−	−	−	−	−	−
長　野 (21)	201	−	−	0	−	−	−	−	−	−	2	−
岐　阜 (22)	404	−	−	−	−	−	−	−	−	x	x	−
静　岡 (23)	346	1	−	−	−	−	−	−	−	−	−	−
愛　知 (24)	82	1	−	−	−	−	−	−	−	0	−	−
三　重 (25)	291	−	−	−	−	−	−	−	−	−	0	−
滋　賀 (26)	75	4	5	−	−	−	−	−	−	−	−	−
京　都 (27)	282	x	x	x	−	−	−	0	−	−	−	−
大　阪 (28)	4	−	−	−	−	−	−	−	−	−	−	−
兵　庫 (29)	175	2	−	−	−	−	−	−	−	−	−	−
奈　良 (30)	151	−	−	−	−	−	−	−	−	−	−	−
和歌山 (31)	222	1	−	−	−	−	−	−	−	−	−	−
鳥　取 (32)	442	x	x	x	−	−	−	−	−	−	−	−
島　根 (33)	758	13	14	0	−	−	−	−	−	−	−	−
岡　山 (34)	324	−	−	2	−	−	−	−	−	−	−	−
広　島 (35)	386	2	3	1	−	−	−	−	−	−	−	−
山　口 (36)	176	−	−	−	−	−	−	−	−	−	−	−
徳　島 (37)	402	x	x	−	−	x	−	−	−	−	−	−
香　川 (38)	7	−	−	−	−	−	−	−	−	−	−	−
愛　媛 (39)	617	−	−	−	−	−	−	−	−	−	−	−
高　知 (40)	421	−	−	−	−	−	−	−	−	−	−	−
福　岡 (41)	473	−	−	−	−	−	−	−	−	−	−	−
佐　賀 (42)	213	−	−	−	−	−	−	−	−	−	−	−
長　崎 (43)	96	−	−	−	−	−	−	−	−	−	−	−
熊　本 (44)	1,104	−	−	−	−	−	−	−	−	−	−	−
大　分 (45)	816	−	−	−	−	−	−	−	−	−	−	−
宮　崎 (46)	1,843	1	−	−	−	−	−	−	−	−	−	−
鹿児島 (47)	x	1	−	−	−	−	−	−	−	−	−	−
沖　縄 (48)	x	−	−	−	−	−	−	−	−	−	−	−

単位：千m^3

千葉	東京	神奈川	新潟	富山	石川	福井	山梨	長野	岐阜	静岡	愛知	
90	**27**	**19**	**99**	**57**	**132**	**100**	**138**	**485**	**426**	**367**	**197**	(1)
−	−	−	−	−	−	−	−	−	−	−	−	(2)
−	−	−	−	−	−	−	−	−	−	−	−	(3)
x	−	x	−	−	−	−	−	1	−	−	−	(4)
x	0	x	x	−	−	−	x	x	−	x	0	(5)
−	−	x	x	−	−	−	−	1	−	0	−	(6)
−	−	−	1	−	−	−	−	−	−	−	−	(7)
−	−	−	3	−	−	−	−	2	−	0	−	(8)
3	−	−	−	−	−	−	−	−	0	−	−	(9)
−	−	−	−	−	−	−	−	3	−	−	−	(10)
−	0	−	1	−	−	−	−	1	0	−	−	(11)
1	x	−	−	−	−	−	1	−	0	0	−	(12)
85	x	x	x	−	−	−	x	x	−	0	−	(13)
−	x	−	−	−	−	−	−	−	−	−	−	(14)
−	−	x	−	−	−	−	x	−	−	−	−	(15)
−	−	−	91	0	0	−	−	12	−	−	−	(16)
x	0	−	x	40	x	x	x	16	21	3	3	(17)
−	−	x	x	x	112	22	x	123	x	0	x	(18)
−	−	−	−	−	x	57	−	−	0	−	0	(19)
−	5	x	−	−	−	−	115	x	−	9	−	(20)
−	−	−	0	−	−	−	−	197	0	0	2	(21)
−	−	x	x	x	0	1	x	52	322	3	x	(22)
−	x	2	−	−	−	−	x	−	−	332	x	(23)
−	−	−	−	−	−	−	−	x	3	x	70	(24)
−	−	−	−	−	−	x	0	x	10	x	14	(25)
−	−	−	−	−	−	x	−	−	12	−	0	(26)
−	−	−	0	−	−	18	−	13	1	−	−	(27)
−	−	−	−	−	−	−	−	−	0	−	−	(28)
−	−	−	−	−	−	−	−	0	−	0	−	(29)
−	−	−	−	−	−	−	−	−	0	0	1	(30)
−	0	−	−	−	−	−	−	1	15	−	4	(31)
−	−	−	−	−	−	−	−	x	x	−	x	(32)
−	−	−	−	−	−	−	−	−	−	−	20	(33)
−	2	−	−	−	0	−	−	−	1	−	2	(34)
−	−	−	−	−	−	−	−	−	−	−	−	(35)
−	−	−	−	−	−	−	−	−	−	−	−	(36)
−	−	−	−	−	−	−	−	−	−	−	−	(37)
−	−	−	−	−	−	−	−	−	−	−	−	(38)
−	−	−	−	−	−	−	−	−	0	0	−	(39)
−	−	−	−	−	−	−	−	−	−	−	−	(40)
−	−	−	−	−	−	−	−	−	−	−	−	(41)
−	−	−	−	−	−	−	−	−	−	−	−	(42)
−	−	−	−	−	−	−	−	−	−	−	−	(43)
−	−	−	−	−	−	−	−	−	−	−	−	(44)
−	−	−	−	−	−	−	−	−	−	−	−	(45)
−	−	−	−	−	−	−	−	−	−	−	−	(46)
−	−	−	−	−	−	−	−	−	0	−	−	(47)
−	−	−	−	−	−	−	−	−	−	−	−	(48)

イ　主要部門別素材交流表（続き）

(ア)　合計（続き）

入荷県＼生産県	三重	滋賀	京都	大阪	兵庫	奈良	和歌山	鳥取	島根	岡山	広島	山口
全国 (1)	**295**	**76**	**137**	**6**	**298**	**121**	**222**	**283**	**503**	**351**	**339**	**231**
北海道 (2)	−	−	−	−	−	−	−	−	−	−	−	−
青森 (3)	−	−	−	−	−	−	−	−	−	−	−	−
岩手 (4)	−	−	−	−	−	−	−	−	−	−	−	−
宮城 (5)	−	−	−	−	−	−	−	−	−	−	−	−
秋田 (6)	−	−	−	−	−	2	−	−	−	−	−	−
山形 (7)	−	−	−	−	−	−	−	−	−	−	−	−
福島 (8)	−	−	−	−	−	−	−	−	−	−	−	−
茨城 (9)	−	−	−	−	−	−	−	−	−	−	−	−
栃木 (10)	−	−	−	−	−	−	−	−	−	−	−	−
群馬 (11)	−	0	−	−	−	0	−	0	−	−	−	−
埼玉 (12)	−	−	−	−	−	−	−	−	−	−	−	−
千葉 (13)	−	−	−	−	−	−	−	−	−	−	−	−
東京 (14)	−	−	−	−	−	−	−	−	−	−	−	−
神奈川 (15)	−	−	−	−	−	−	−	−	−	−	−	−
新潟 (16)	−	−	−	−	−	−	−	−	−	−	−	−
富山 (17)	x	4	x	−	1	−	−	−	−	−	−	−
石川 (18)	−	−	−	−	−	x	−	−	−	−	−	−
福井 (19)	−	0	5	−	−	2	−	−	−	−	−	−
山梨 (20)	−	−	−	−	−	−	−	−	−	−	−	−
長野 (21)	−	−	−	−	−	−	−	−	−	−	−	−
岐阜 (22)	x	x	−	−	x	−	−	1	−	−	−	−
静岡 (23)	−	−	−	−	−	−	x	−	−	−	−	−
愛知 (24)	2	1	−	−	−	0	−	−	−	−	−	−
三重 (25)	201	3	−	−	x	5	21	−	0	7	3	−
滋賀 (26)	1	50	x	−	−	−	−	−	−	−	0	−
京都 (27)	3	x	118	x	48	3	x	x	−	x	−	−
大阪 (28)	0	−	2	2	0	0	0	−	0	−	0	−
兵庫 (29)	4	−	9	−	106	1	−	8	−	43	1	−
奈良 (30)	29	3	1	3	6	104	4	−	−	0	−	−
和歌山 (31)	x	−	−	−	−	x	171	−	−	2	−	−
鳥取 (32)	x	−	0	x	74	−	−	192	40	x	x	−
島根 (33)	0	−	−	−	40	−	0	45	420	4	x	55
岡山 (34)	13	−	1	−	8	0	0	19	4	235	21	−
広島 (35)	0	−	−	−	5	−	0	13	28	18	256	x
山口 (36)	−	−	−	−	−	−	−	−	7	−	x	142
徳島 (37)	−	−	−	−	−	−	11	−	−	0	−	−
香川 (38)	−	−	−	−	−	−	−	−	−	−	−	−
愛媛 (39)	7	−	−	x	1	2	5	x	4	20	14	x
高知 (40)	0	−	−	−	−	−	−	−	−	1	−	−
福岡 (41)	−	−	−	−	−	−	−	−	−	−	−	−
佐賀 (42)	−	−	−	−	−	−	−	−	−	−	0	2
長崎 (43)	−	−	−	−	−	−	−	−	−	−	−	−
熊本 (44)	0	−	−	−	−	0	−	−	−	−	−	−
大分 (45)	−	−	−	−	−	−	−	−	0	−	−	3
宮崎 (46)	0	−	−	−	−	−	−	−	0	−	−	x
鹿児島 (47)	−	−	−	−	−	0	−	−	−	−	−	−
沖縄 (48)	−	−	−	−	−	−	−	−	−	−	−	−

単位：千m^3

徳島	香川	愛媛	高知	福岡	佐賀	長崎	熊本	大分	宮崎	鹿児島	沖縄	
295	**4**	**523**	**519**	**218**	**123**	**117**	**1,045**	**1,075**	**1,925**	**645**	**1**	(1)
–	–	–	–	–	–	–	–	–	–	–	–	(2)
–	–	–	–	–	–	–	–	–	–	–	–	(3)
–	–	–	–	–	–	–	–	–	–	–	–	(4)
–	–	–	–	–	–	–	–	–	–	–	–	(5)
–	–	–	–	–	–	–	–	–	–	–	–	(6)
–	–	–	–	–	–	–	–	–	–	–	–	(7)
–	–	–	–	–	–	–	–	–	–	–	–	(8)
–	–	–	–	–	–	–	–	–	–	–	–	(9)
–	–	–	–	–	–	–	–	–	–	–	–	(10)
0	–	–	0	–	–	–	–	–	–	–	–	(11)
–	–	–	–	–	–	–	–	–	–	–	–	(12)
–	–	–	–	–	–	–	–	–	–	–	–	(13)
–	–	–	–	–	–	–	–	–	–	–	–	(14)
–	–	–	–	–	–	–	–	–	–	–	–	(15)
–	–	–	–	–	–	–	–	–	–	–	–	(16)
–	–	–	–	–	–	–	–	–	–	–	–	(17)
–	–	–	–	–	–	–	–	–	–	–	–	(18)
–	–	–	–	–	–	–	–	–	–	–	x	(19)
–	–	–	–	–	–	–	–	–	–	–	–	(20)
–	–	–	–	–	–	–	–	–	–	–	–	(21)
–	–	–	–	–	–	–	–	–	–	–	–	(22)
–	–	–	–	–	–	–	–	–	x	–	–	(23)
–	–	–	–	–	–	–	–	–	–	–	–	(24)
–	–	–	–	–	–	–	–	–	–	–	–	(25)
–	–	–	–	–	–	–	–	0	1	–	–	(26)
–	–	–	–	–	–	–	–	–	–	–	–	(27)
–	–	–	–	–	–	–	–	–	–	–	–	(28)
0	–	0	–	–	–	–	–	1	0	–	–	(29)
–	–	–	–	–	–	–	–	–	–	–	–	(30)
–	–	–	–	–	–	–	–	–	1	–	–	(31)
x	–	x	x	–	–	–	–	–	–	–	–	(32)
–	–	–	–	–	–	–	x	113	–	–	–	(33)
–	–	7	1	0	–	–	7	0	–	1	–	(34)
5	–	7	x	0	–	–	0	14	5	–	–	(35)
–	–	x	–	0	–	–	0	10	14	–	–	(36)
254	–	31	66	–	–	–	–	x	–	–	–	(37)
2	4	0	1	–	–	–	–	–	–	–	–	(38)
x	–	440	65	1	3	x	6	8	0	0	–	(39)
x	–	x	383	–	–	–	–	–	–	–	–	(40)
–	–	–	–	109	12	0	87	179	86	–	–	(41)
–	–	–	–	27	66	23	9	63	9	14	–	(42)
–	–	–	–	1	1	89	4	1	0	0	–	(43)
–	–	–	–	x	1	x	728	x	173	x	–	(44)
–	–	–	–	69	33	–	x	568	57	x	–	(45)
–	–	–	–	x	7	3	x	x	1,521	168	–	(46)
–	–	–	–	–	0	–	x	0	x	x	–	(47)
–	–	–	–	–	–	–	–	–	–	x	x	(48)

イ 主要部門別素材交流表（続き）

(ｲ) 製材用

入荷県＼生産県	計	北海道	青森	岩手	宮城	秋田	山形	福島	茨城	栃木	群馬	埼玉
全国 (1)	**12,563**	**1,771**	**360**	**524**	**181**	**496**	**184**	**488**	**316**	**477**	**152**	**38**
北海道 (2)	1,756	1,756	–	–	–	–	–	–	–	–	–	–
青森 (3)	x	0	x	x	–	x	–	0	–	–	–	–
岩手 (4)	x	–	148	421	9	15	–	x	–	–	–	–
宮城 (5)	x	–	x	x	x	x	0	14	–	–	–	–
秋田 (6)	x	–	31	x	0	412	x	x	1	1	–	–
山形 (7)	277	–	–	31	14	59	173	0	–	–	–	–
福島 (8)	607	1	3	5	7	5	1	357	154	67	5	0
茨城 (9)	238	–	–	–	–	–	–	55	112	70	–	1
栃木 (10)	451	–	–	0	0	–	–	48	46	338	12	4
群馬 (11)	126	1	–	1	–	–	0	–	1	1	116	4
埼玉 (12)	50	–	–	–	–	–	–	–	0	0	15	26
千葉 (13)	x	0	–	–	–	–	–	–	–	–	–	–
東京 (14)	x	–	–	–	–	–	–	–	–	–	–	x
神奈川 (15)	x	–	–	–	–	–	–	–	–	–	–	x
新潟 (16)	x	–	–	–	x	0	x	x	0	0	x	–
富山 (17)	x	–	–	–	–	–	–	–	2	0	3	1
石川 (18)	x	–	–	–	–	–	–	–	–	–	x	–
福井 (19)	x	–	–	–	–	–	–	0	–	–	–	–
山梨 (20)	x	–	–	–	–	–	–	–	–	–	–	–
長野 (21)	133	–	–	0	–	–	–	–	–	–	–	–
岐阜 (22)	235	–	–	–	–	–	–	–	–	–	–	–
静岡 (23)	184	1	–	–	–	–	–	–	–	–	–	–
愛知 (24)	70	1	–	–	–	–	–	–	–	0	–	–
三重 (25)	177	–	–	–	–	–	–	–	–	–	0	–
滋賀 (26)	25	4	5	–	–	–	–	–	–	–	–	–
京都 (27)	x	–	–	–	–	–	–	0	–	–	–	–
大阪 (28)	4	–	–	–	–	–	–	–	–	–	–	–
兵庫 (29)	134	2	–	–	–	–	–	–	–	–	–	–
奈良 (30)	144	–	–	–	–	–	–	–	–	–	–	–
和歌山 (31)	171	1	–	–	–	–	–	–	–	–	–	–
鳥取 (32)	x	–	–	–	–	–	–	–	–	–	–	–
島根 (33)	78	–	–	0	–	–	–	–	–	–	–	–
岡山 (34)	301	–	–	2	–	–	–	–	–	–	–	–
広島 (35)	206	2	3	1	–	–	–	–	–	–	–	–
山口 (36)	133	–	–	–	–	–	–	–	–	–	–	–
徳島 (37)	x	–	–	–	–	–	–	–	–	–	–	–
香川 (38)	7	–	–	–	–	–	–	–	–	–	–	–
愛媛 (39)	584	–	–	–	–	–	–	–	–	–	–	–
高知 (40)	276	–	–	–	–	–	–	–	–	–	–	–
福岡 (41)	441	–	–	–	–	–	–	–	–	–	–	–
佐賀 (42)	188	–	–	–	–	–	–	–	–	–	–	–
長崎 (43)	37	–	–	–	–	–	–	–	–	–	–	–
熊本 (44)	x	–	–	–	–	–	–	–	–	–	–	–
大分 (45)	787	–	–	–	–	–	–	–	–	–	–	–
宮崎 (46)	x	1	–	–	–	–	–	–	–	–	–	–
鹿児島 (47)	x	1	–	–	–	–	–	–	–	–	–	–
沖縄 (48)	x	–	–	–	–	–	–	–	–	–	–	–

単位：千m3

千葉	東京	神奈川	新潟	富山	石川	福井	山梨	長野	岐阜	静岡	愛知	
25	18	11	58	26	56	46	24	170	248	204	92	(1)
–	–	–	–	–	–	–	–	–	–	–	–	(2)
–	–	–	–	–	–	–	–	–	–	–	–	(3)
–	–	x	–	–	–	–	–	1	–	–	–	(4)
–	–	–	–	–	–	–	–	–	–	–	0	(5)
–	–	x	x	–	–	–	–	1	–	0	–	(6)
–	–	–	–	–	–	–	–	–	–	–	–	(7)
–	–	–	–	–	–	–	–	2	–	0	–	(8)
0	–	–	–	–	–	–	–	–	0	–	–	(9)
–	–	–	–	–	–	–	–	3	–	–	–	(10)
–	0	–	1	–	–	–	–	1	0	–	–	(11)
0	8	–	–	–	–	–	1	–	0	0	–	(12)
x	x	–	–	–	–	–	–	–	–	0	–	(13)
–	x	–	–	–	–	–	–	–	–	–	–	(14)
–	–	x	–	–	–	–	x	–	–	–	–	(15)
–	–	–	x	0	0	–	–	x	–	–	–	(16)
x	0	–	–	26	x	x	x	x	x	3	3	(17)
–	–	–	–	–	45	x	–	x	–	0	–	(18)
–	–	–	–	–	x	x	–	–	0	–	0	(19)
–	–	–	–	–	–	–	x	x	–	x	–	(20)
–	–	–	–	–	–	–	–	131	0	0	2	(21)
–	–	–	–	–	0	1	x	9	x	x	x	(22)
–	–	x	–	–	–	–	x	–	–	x	x	(23)
–	–	–	–	–	–	–	–	x	3	x	58	(24)
–	–	–	–	–	–	x	0	x	10	x	x	(25)
–	–	–	–	–	–	x	–	–	x	–	0	(26)
–	–	–	0	–	–	–	–	x	x	–	–	(27)
–	–	–	–	–	–	–	–	–	0	–	–	(28)
–	–	–	–	–	–	–	–	0	–	0	–	(29)
–	–	–	–	–	–	–	–	–	0	0	1	(30)
–	0	–	–	–	–	–	–	1	15	–	4	(31)
–	–	–	–	–	–	–	–	–	–	–	–	(32)
–	–	–	–	–	–	–	–	–	–	–	–	(33)
–	2	–	–	–	0	–	–	–	1	–	2	(34)
–	–	–	–	–	–	–	–	–	–	–	–	(35)
–	–	–	–	–	–	–	–	–	–	–	–	(36)
–	–	–	–	–	–	–	–	–	–	–	–	(37)
–	–	–	–	–	–	–	–	–	–	–	–	(38)
–	–	–	–	–	–	–	–	–	0	0	–	(39)
–	–	–	–	–	–	–	–	–	–	–	–	(40)
–	–	–	–	–	–	–	–	–	–	–	–	(41)
–	–	–	–	–	–	–	–	–	–	–	–	(42)
–	–	–	–	–	–	–	–	–	–	–	–	(43)
–	–	–	–	–	–	–	–	–	–	–	–	(44)
–	–	–	–	–	–	–	–	–	–	–	–	(45)
–	–	–	–	–	–	–	–	–	–	–	–	(46)
–	–	–	–	–	–	–	–	–	0	–	–	(47)
–	–	–	–	–	–	–	–	–	–	–	–	(48)

イ　主要部門別素材交流表（続き）

(ｲ)　製材用（続き）

入荷県＼生産県	三重	滋賀	京都	大阪	兵庫	奈良	和歌山	鳥取	島根	岡山	広島	山口
全国 (1)	**204**	**23**	**49**	**5**	**96**	**110**	**143**	**75**	**97**	**295**	**150**	**132**
北海道 (2)	–	–	–	–	–	–	–	–	–	–	–	–
青森 (3)	–	–	–	–	–	–	–	–	–	–	–	–
岩手 (4)	–	–	–	–	–	–	–	–	–	–	–	–
宮城 (5)	–	–	–	–	–	–	–	–	–	–	–	–
秋田 (6)	–	–	–	–	–	2	–	–	–	–	–	–
山形 (7)	–	–	–	–	–	–	–	–	–	–	–	–
福島 (8)	–	–	–	–	–	–	–	–	–	–	–	–
茨城 (9)	–	–	–	–	–	–	–	–	–	–	–	–
栃木 (10)	–	–	–	–	–	–	–	–	–	–	–	–
群馬 (11)	–	0	–	–	–	0	–	0	–	–	–	–
埼玉 (12)	–	–	–	–	–	–	–	–	–	–	–	–
千葉 (13)	–	–	–	–	–	–	–	–	–	–	–	–
東京 (14)	–	–	–	–	–	–	–	–	–	–	–	–
神奈川 (15)	–	–	–	–	–	–	–	–	–	–	–	–
新潟 (16)	–	–	–	–	–	–	–	–	–	–	–	–
富山 (17)	x	4	x	–	1	–	–	–	–	–	–	–
石川 (18)	–	–	–	–	–	x	–	–	–	–	–	–
福井 (19)	–	0	5	–	–	2	–	–	–	–	–	–
山梨 (20)	–	–	–	–	–	–	–	–	–	–	–	–
長野 (21)	–	–	–	–	–	–	–	–	–	–	–	–
岐阜 (22)	x	0	–	–	0	–	–	1	–	–	–	–
静岡 (23)	–	–	–	–	–	–	0	–	–	–	–	–
愛知 (24)	2	1	–	–	–	0	–	–	–	–	–	–
三重 (25)	115	3	–	–	–	x	x	–	0	7	3	–
滋賀 (26)	1	12	x	–	–	–	–	–	–	–	0	–
京都 (27)	x	–	x	x	x	x	–	–	–	–	–	–
大阪 (28)	0	–	2	2	0	0	0	–	0	–	0	–
兵庫 (29)	4	–	9	–	67	1	–	6	–	43	1	–
奈良 (30)	x	3	1	3	6	x	4	–	–	0	–	–
和歌山 (31)	x	–	–	–	–	x	x	–	–	2	–	–
鳥取 (32)	x	–	x	–	x	–	–	x	–	3	–	–
島根 (33)	0	–	–	–	–	–	0	3	x	x	x	x
岡山 (34)	13	–	1	–	8	0	0	19	4	212	21	–
広島 (35)	0	–	–	–	5	–	0	13	28	x	x	x
山口 (36)	–	–	–	–	–	–	–	–	7	–	x	x
徳島 (37)	–	–	–	–	–	–	x	–	–	0	–	–
香川 (38)	–	–	–	–	–	–	–	–	–	–	–	–
愛媛 (39)	7	–	–	x	1	2	5	x	4	20	14	x
高知 (40)	0	–	–	–	–	–	–	–	–	1	–	–
福岡 (41)	–	–	–	–	–	–	–	–	–	–	–	–
佐賀 (42)	–	–	–	–	–	–	–	–	–	–	0	2
長崎 (43)	–	–	–	–	–	–	–	–	–	–	–	–
熊本 (44)	0	–	–	–	–	0	–	–	–	–	–	–
大分 (45)	–	–	–	–	–	–	–	–	x	–	–	3
宮崎 (46)	0	–	–	–	–	–	–	–	0	–	–	0
鹿児島 (47)	–	–	–	–	–	0	–	–	–	–	–	–
沖縄 (48)	–	–	–	–	–	–	–	–	–	–	–	–

単位：千m^3

徳島	香川	愛媛	高知	福岡	佐賀	長崎	熊本	大分	宮崎	鹿児島	沖縄	
175	4	484	329	189	99	56	826	912	1,753	391	1	(1)
－	－	－	－	－	－	－	－	－	－	－	－	(2)
－	－	－	－	－	－	－	－	－	－	－	－	(3)
－	－	－	－	－	－	－	－	－	－	－	－	(4)
－	－	－	－	－	－	－	－	－	－	－	－	(5)
－	－	－	－	－	－	－	－	－	－	－	－	(6)
－	－	－	－	－	－	－	－	－	－	－	－	(7)
－	－	－	－	－	－	－	－	－	－	－	－	(8)
－	－	－	－	－	－	－	－	－	－	－	－	(9)
－	－	－	－	－	－	－	－	－	－	－	－	(10)
0	－	－	0	－	－	－	－	－	－	－	－	(11)
－	－	－	－	－	－	－	－	－	－	－	－	(12)
－	－	－	－	－	－	－	－	－	－	－	－	(13)
－	－	－	－	－	－	－	－	－	－	－	－	(14)
－	－	－	－	－	－	－	－	－	－	－	－	(15)
－	－	－	－	－	－	－	－	－	－	－	－	(16)
－	－	－	－	－	－	－	－	－	－	－	－	(17)
－	－	－	－	－	－	－	－	－	－	－	－	(18)
－	－	－	－	－	－	－	－	－	－	－	－	(19)
－	－	－	－	－	－	－	－	－	－	－	－	(20)
－	－	－	－	－	－	－	－	－	－	－	－	(21)
－	－	－	－	－	－	－	－	－	－	－	－	(22)
－	－	－	－	－	－	－	－	－	－	－	－	(23)
－	－	－	－	－	－	－	－	－	－	－	－	(24)
－	－	－	－	－	－	－	－	－	－	－	－	(25)
－	－	－	－	－	－	－	－	0	1	－	－	(26)
－	－	－	－	－	－	－	－	－	－	－	－	(27)
－	－	－	－	－	－	－	－	－	－	－	－	(28)
0	－	0	－	－	－	－	－	1	0	－	－	(29)
－	－	－	－	－	－	－	－	－	－	－	－	(30)
－	－	－	－	－	－	－	－	－	1	－	－	(31)
－	－	－	－	－	－	－	－	－	－	－	－	(32)
－	－	－	－	－	－	－	－	－	－	－	－	(33)
－	－	7	1	0	－	－	7	0	－	1	－	(34)
5	－	7	x	0	－	－	0	14	5	－	－	(35)
x	－	x	－	0	－	－	0	10	14	－	－	(36)
134	－	x	x	－	－	－	－	－	－	－	－	(37)
2	4	0	1	－	－	－	－	－	－	－	－	(38)
x	－	x	65	1	3	x	6	8	0	0	－	(39)
x	－	x	238	－	－	－	－	－	－	－	－	(40)
－	－	－	－	86	8	0	82	179	86	－	－	(41)
－	－	－	－	24	46	22	9	62	9	14	－	(42)
－	－	－	－	1	1	30	4	1	0	0	－	(43)
－	－	－	－	9	1	－	518	x	108	x	－	(44)
－	－	－	－	67	33	－	x	x	57	x	－	(45)
－	－	－	－	1	7	x	x	x	1,424	x	－	(46)
－	－	－	－	－	0	－	x	0	48	x	x	(47)
－	－	－	－	－	－	－	－	－	－	x	x	(48)

イ　主要部門別素材交流表（続き）

(ｳ)　合板等用

入荷県＼生産県	計	北海道	青森	岩手	宮城	秋田	山形	福島	茨城	栃木	群馬	埼玉
全　国 (1)	**4,492**	**612**	**301**	**589**	**283**	**602**	**92**	**68**	**2**	**4**	**32**	**0**
北海道 (2)	325	325	−	−	−	−	−	−	−	−	−	−
青　森 (3)	x	x	x	x	−	−	−	−	−	−	−	−
岩　手 (4)	x	x	x	x	x	−	−	−	−	−	−	−
宮　城 (5)	x	x	x	x	x	x	x	x	x	x	x	−
秋　田 (6)	x	x	x	x	−	x	x	−	−	−	−	−
山　形 (7)	−	−	−	−	−	−	−	−	−	−	−	−
福　島 (8)	−	−	−	−	−	−	−	−	−	−	−	−
茨　城 (9)	−	−	−	−	−	−	−	−	−	−	−	−
栃　木 (10)	−	−	−	−	−	−	−	−	−	−	−	−
群　馬 (11)	−	−	−	−	−	−	−	−	−	−	−	−
埼　玉 (12)	−	−	−	−	−	−	−	−	−	−	−	−
千　葉 (13)	x	x	−	−	−	−	−	−	x	−	−	x
東　京 (14)	−	−	−	−	−	−	−	−	−	−	−	−
神奈川 (15)	−	−	−	−	−	−	−	−	−	−	−	−
新　潟 (16)	x	−	−	−	−	−	x	x	−	−	x	−
富　山 (17)	−	−	−	−	−	−	−	−	−	−	−	−
石　川 (18)	x	−	x	−	−	−	−	−	x	−	x	x
福　井 (19)	−	−	−	−	−	−	−	−	−	−	−	−
山　梨 (20)	−	−	−	−	−	−	−	−	−	−	−	−
長　野 (21)	−	−	−	−	−	−	−	−	−	−	−	−
岐　阜 (22)	x	−	−	−	−	−	−	−	−	x	x	−
静　岡 (23)	x	−	−	−	−	−	−	−	−	−	−	−
愛　知 (24)	−	−	−	−	−	−	−	−	−	−	−	−
三　重 (25)	x	−	−	−	−	−	−	−	−	−	−	−
滋　賀 (26)	−	−	−	−	−	−	−	−	−	−	−	−
京　都 (27)	x	x	x	x	−	−	−	−	−	−	−	−
大　阪 (28)	−	−	−	−	−	−	−	−	−	−	−	−
兵　庫 (29)	−	−	−	−	−	−	−	−	−	−	−	−
奈　良 (30)	−	−	−	−	−	−	−	−	−	−	−	−
和歌山 (31)	−	−	−	−	−	−	−	−	−	−	−	−
鳥　取 (32)	x	x	x	x	−	−	−	−	−	−	−	−
島　根 (33)	465	13	14	−	−	−	−	−	−	−	−	−
岡　山 (34)	−	−	−	−	−	−	−	−	−	−	−	−
広　島 (35)	x	−	−	−	−	−	−	−	−	−	−	−
山　口 (36)	−	−	−	−	−	−	−	−	−	−	−	−
徳　島 (37)	x	x	x	−	−	x	−	−	−	−	−	−
香　川 (38)	−	−	−	−	−	−	−	−	−	−	−	−
愛　媛 (39)	−	−	−	−	−	−	−	−	−	−	−	−
高　知 (40)	−	−	−	−	−	−	−	−	−	−	−	−
福　岡 (41)	−	−	−	−	−	−	−	−	−	−	−	−
佐　賀 (42)	−	−	−	−	−	−	−	−	−	−	−	−
長　崎 (43)	−	−	−	−	−	−	−	−	−	−	−	−
熊　本 (44)	x	−	−	−	−	−	−	−	−	−	−	−
大　分 (45)	−	−	−	−	−	−	−	−	−	−	−	−
宮　崎 (46)	x	−	−	−	−	−	−	−	−	−	−	−
鹿児島 (47)	−	−	−	−	−	−	−	−	−	−	−	−
沖　縄 (48)	−	−	−	−	−	−	−	−	−	−	−	−

単位：千m^3

千葉	東京	神奈川	新潟	富山	石川	福井	山梨	長野	岐阜	静岡	愛知	
0	1	2	27	17	31	27	18	232	86	107	93	(1)
–	–	–	–	–	–	–	–	–	–	–	–	(2)
–	–	–	–	–	–	–	–	–	–	–	–	(3)
x	–	–	–	–	–	–	–	–	–	–	–	(4)
x	–	x	x	–	–	–	x	x	–	x	–	(5)
–	–	–	–	–	–	–	–	–	–	–	–	(6)
–	–	–	–	–	–	–	–	–	–	–	–	(7)
–	–	–	–	–	–	–	–	–	–	–	–	(8)
–	–	–	–	–	–	–	–	–	–	–	–	(9)
–	–	–	–	–	–	–	–	–	–	–	–	(10)
–	–	–	–	–	–	–	–	–	–	–	–	(11)
–	–	–	–	–	–	–	–	–	–	–	–	(12)
–	x	x	x	–	–	–	x	x	–	–	–	(13)
–	–	–	–	–	–	–	–	–	–	–	–	(14)
–	–	–	–	–	–	–	–	–	–	–	–	(15)
–	–	–	x	–	–	–	–	x	–	–	–	(16)
–	–	–	–	–	–	–	–	–	–	–	–	(17)
–	–	x	x	x	x	x	x	x	x	–	x	(18)
–	–	–	–	–	–	–	–	–	–	–	–	(19)
–	–	–	–	–	–	–	–	–	–	–	–	(20)
–	–	–	–	–	–	–	–	–	–	–	–	(21)
–	–	x	x	x	–	–	x	x	x	x	x	(22)
–	x	–	–	–	–	–	–	–	–	x	x	(23)
–	–	–	–	–	–	–	–	–	–	–	–	(24)
–	–	–	–	–	–	–	–	–	–	–	x	(25)
–	–	–	–	–	–	–	–	–	–	–	–	(26)
–	–	–	–	–	x	x	–	x	x	–	–	(27)
–	–	–	–	–	–	–	–	–	–	–	–	(28)
–	–	–	–	–	–	–	–	–	–	–	–	(29)
–	–	–	–	–	–	–	–	–	–	–	–	(30)
–	–	–	–	–	–	–	–	–	–	–	–	(31)
–	–	–	–	–	–	–	–	x	x	–	x	(32)
–	–	–	–	–	–	–	–	–	–	–	20	(33)
–	–	–	–	–	–	–	–	–	–	–	–	(34)
–	–	–	–	–	–	–	–	–	–	–	–	(35)
–	–	–	–	–	–	–	–	–	–	–	–	(36)
–	–	–	–	–	–	–	–	–	–	–	–	(37)
–	–	–	–	–	–	–	–	–	–	–	–	(38)
–	–	–	–	–	–	–	–	–	–	–	–	(39)
–	–	–	–	–	–	–	–	–	–	–	–	(40)
–	–	–	–	–	–	–	–	–	–	–	–	(41)
–	–	–	–	–	–	–	–	–	–	–	–	(42)
–	–	–	–	–	–	–	–	–	–	–	–	(43)
–	–	–	–	–	–	–	–	–	–	–	–	(44)
–	–	–	–	–	–	–	–	–	–	–	–	(45)
–	–	–	–	–	–	–	–	–	–	–	–	(46)
–	–	–	–	–	–	–	–	–	–	–	–	(47)
–	–	–	–	–	–	–	–	–	–	–	–	(48)

イ　主要部門別素材交流表（続き）

(ウ)　合板等用（続き）

入荷県＼生産県	三重	滋賀	京都	大阪	兵庫	奈良	和歌山	鳥取	島根	岡山	広島	山口
全国 (1)	46	15	32	0	140	6	27	156	219	22	26	23
北海道 (2)	−	−	−	−	−	−	−	−	−	−	−	−
青森 (3)	−	−	−	−	−	−	−	−	−	−	−	−
岩手 (4)	−	−	−	−	−	−	−	−	−	−	−	−
宮城 (5)	−	−	−	−	−	−	−	−	−	−	−	−
秋田 (6)	−	−	−	−	−	−	−	−	−	−	−	−
山形 (7)	−	−	−	−	−	−	−	−	−	−	−	−
福島 (8)	−	−	−	−	−	−	−	−	−	−	−	−
茨城 (9)	−	−	−	−	−	−	−	−	−	−	−	−
栃木 (10)	−	−	−	−	−	−	−	−	−	−	−	−
群馬 (11)	−	−	−	−	−	−	−	−	−	−	−	−
埼玉 (12)	−	−	−	−	−	−	−	−	−	−	−	−
千葉 (13)	−	−	−	−	−	−	−	−	−	−	−	−
東京 (14)	−	−	−	−	−	−	−	−	−	−	−	−
神奈川 (15)	−	−	−	−	−	−	−	−	−	−	−	−
新潟 (16)	−	−	−	−	−	−	−	−	−	−	−	−
富山 (17)	−	−	−	−	−	−	−	−	−	−	−	−
石川 (18)	−	−	−	−	−	−	−	−	−	−	−	−
福井 (19)	−	−	−	−	−	−	−	−	−	−	−	−
山梨 (20)	−	−	−	−	−	−	−	−	−	−	−	−
長野 (21)	−	−	−	−	−	−	−	−	−	−	−	−
岐阜 (22)	x	x	−	−	−	−	−	−	−	−	−	−
静岡 (23)	−	−	−	−	−	−	−	−	−	−	−	−
愛知 (24)	−	−	−	−	−	−	−	−	−	−	−	−
三重 (25)	x	−	−	−	x	x	x	−	−	−	−	−
滋賀 (26)	−	−	−	−	−	−	−	−	−	−	−	−
京都 (27)	x	x	x	x	x	x	x	x	−	x	−	−
大阪 (28)	−	−	−	−	−	−	−	−	−	−	−	−
兵庫 (29)	−	−	−	−	−	−	−	−	−	−	−	−
奈良 (30)	−	−	−	−	−	−	−	−	−	−	−	−
和歌山 (31)	−	−	−	−	−	−	−	−	−	−	−	−
鳥取 (32)	−	−	x	x	x	−	−	x	x	x	x	−
島根 (33)	−	−	−	−	40	−	−	x	x	x	16	x
岡山 (34)	−	−	−	−	−	−	−	−	−	−	−	−
広島 (35)	−	−	−	−	−	−	−	−	−	−	x	−
山口 (36)	−	−	−	−	−	−	−	−	−	−	−	−
徳島 (37)	−	−	−	−	−	−	x	−	−	−	−	−
香川 (38)	−	−	−	−	−	−	−	−	−	−	−	−
愛媛 (39)	−	−	−	−	−	−	−	−	−	−	−	−
高知 (40)	−	−	−	−	−	−	−	−	−	−	−	−
福岡 (41)	−	−	−	−	−	−	−	−	−	−	−	−
佐賀 (42)	−	−	−	−	−	−	−	−	−	−	−	−
長崎 (43)	−	−	−	−	−	−	−	−	−	−	−	−
熊本 (44)	−	−	−	−	−	−	−	−	−	−	−	−
大分 (45)	−	−	−	−	−	−	−	−	−	−	−	−
宮崎 (46)	−	−	−	−	−	−	−	−	−	−	−	x
鹿児島 (47)	−	−	−	−	−	−	−	−	−	−	−	−
沖縄 (48)	−	−	−	−	−	−	−	−	−	−	−	−

単位：千m^3

徳島	香川	愛媛	高知	福岡	佐賀	長崎	熊本	大分	宮崎	鹿児島	沖縄	
67	-	6	45	0	-	1	101	129	91	114	-	(1)
–	–	–	–	–	–	–	–	–	–	–	–	(2)
–	–	–	–	–	–	–	–	–	–	–	–	(3)
–	–	–	–	–	–	–	–	–	–	–	–	(4)
–	–	–	–	–	–	–	–	–	–	–	–	(5)
–	–	–	–	–	–	–	–	–	–	–	–	(6)
–	–	–	–	–	–	–	–	–	–	–	–	(7)
–	–	–	–	–	–	–	–	–	–	–	–	(8)
–	–	–	–	–	–	–	–	–	–	–	–	(9)
–	–	–	–	–	–	–	–	–	–	–	–	(10)
–	–	–	–	–	–	–	–	–	–	–	–	(11)
–	–	–	–	–	–	–	–	–	–	–	–	(12)
–	–	–	–	–	–	–	–	–	–	–	–	(13)
–	–	–	–	–	–	–	–	–	–	–	–	(14)
–	–	–	–	–	–	–	–	–	–	–	–	(15)
–	–	–	–	–	–	–	–	–	–	–	–	(16)
–	–	–	–	–	–	–	–	–	–	–	–	(17)
–	–	–	–	–	–	–	–	–	–	–	–	(18)
–	–	–	–	–	–	–	–	–	–	–	–	(19)
–	–	–	–	–	–	–	–	–	–	–	–	(20)
–	–	–	–	–	–	–	–	–	–	–	–	(21)
–	–	–	–	–	–	–	–	–	–	–	–	(22)
–	–	–	–	–	–	–	–	–	x	–	–	(23)
–	–	–	–	–	–	–	–	–	–	–	–	(24)
–	–	–	–	–	–	–	–	–	–	–	–	(25)
–	–	–	–	–	–	–	–	–	–	–	–	(26)
–	–	–	–	–	–	–	–	–	–	–	–	(27)
–	–	–	–	–	–	–	–	–	–	–	–	(28)
–	–	–	–	–	–	–	–	–	–	–	–	(29)
–	–	–	–	–	–	–	–	–	–	–	–	(30)
–	–	–	–	–	–	–	–	–	–	–	–	(31)
x	–	x	x	–	–	–	–	–	–	–	–	(32)
–	–	–	–	–	–	–	x	113	–	–	–	(33)
–	–	–	–	–	–	–	–	–	–	–	–	(34)
–	–	–	–	–	–	–	–	–	–	–	–	(35)
–	–	–	–	–	–	–	–	–	–	–	–	(36)
x	–	x	x	–	–	–	–	x	–	–	–	(37)
–	–	–	–	–	–	–	–	–	–	–	–	(38)
–	–	–	–	–	–	–	–	–	–	–	–	(39)
–	–	–	–	–	–	–	–	–	–	–	–	(40)
–	–	–	–	–	–	–	–	–	–	–	–	(41)
–	–	–	–	–	–	–	–	–	–	–	–	(42)
–	–	–	–	–	–	–	–	–	–	–	–	(43)
–	–	–	–	x	–	x	x	x	x	x	–	(44)
–	–	–	–	–	–	–	–	–	–	–	–	(45)
–	–	–	–	x	–	x	–	x	x	x	–	(46)
–	–	–	–	–	–	–	–	–	–	–	–	(47)
–	–	–	–	–	–	–	–	–	–	–	–	(48)

イ　主要部門別素材交流表（続き）

(ｴ)　木材チップ用

入荷県＼生産県	計	北海道	青森	岩手	宮城	秋田	山形	福島	茨城	栃木	群馬	埼玉
全国 (1)	**4,585**	**952**	**238**	**401**	**150**	**187**	**79**	**303**	**87**	**96**	**50**	**36**
北海道 (2)	952	952	－	－	－	－	－	－	－	－	－	－
青森 (3)	273	－	235	38	－	－	－	－	－	－	－	－
岩手 (4)	x	－	x	x	x	5	－	－	－	－	－	－
宮城 (5)	x	－	－	x	139	－	x	x	－	－	－	－
秋田 (6)	x	－	x	x	－	x	x	－	－	－	－	－
山形 (7)	95	－	－	－	x	10	78	x	－	－	－	－
福島 (8)	304	－	－	3	－	－	－	282	9	7	0	－
茨城 (9)	70	－	－	－	－	－	－	12	53	1	－	1
栃木 (10)	120	－	－	－	－	－	－	4	25	87	4	－
群馬 (11)	39	0	－	－	－	－	－	－	－	1	37	1
埼玉 (12)	38	－	－	－	－	－	－	－	－	－	x	34
千葉 (13)	x	－	－	－	－	－	－	－	－	－	－	－
東京 (14)	x	－	－	－	－	－	－	－	0	－	x	－
神奈川 (15)	－	－	－	－	－	－	－	－	－	－	－	－
新潟 (16)	x	－	－	－	－	x	－	－	－	－	5	－
富山 (17)	x	－	－	－	－	－	－	－	－	－	1	－
石川 (18)	x	－	－	－	－	－	－	－	－	－	－	－
福井 (19)	x	－	－	－	－	－	－	－	－	－	－	－
山梨 (20)	x	－	－	－	－	－	－	－	－	－	－	－
長野 (21)	68	－	－	－	－	－	－	－	－	－	2	－
岐阜 (22)	x	－	－	－	－	－	－	－	－	－	－	－
静岡 (23)	x	－	－	－	－	－	－	－	－	－	－	－
愛知 (24)	12	－	－	－	－	－	－	－	－	－	－	－
三重 (25)	x	－	－	－	－	－	－	－	－	－	－	－
滋賀 (26)	50	－	－	－	－	－	－	－	－	－	－	－
京都 (27)	x	－	－	－	－	－	－	－	－	－	－	－
大阪 (28)	－	－	－	－	－	－	－	－	－	－	－	－
兵庫 (29)	41	－	－	－	－	－	－	－	－	－	－	－
奈良 (30)	7	－	－	－	－	－	－	－	－	－	－	－
和歌山 (31)	51	－	－	－	－	－	－	－	－	－	－	－
鳥取 (32)	x	－	－	－	－	－	－	－	－	－	－	－
島根 (33)	215	－	－	－	－	－	－	－	－	－	－	－
岡山 (34)	23	－	－	－	－	－	－	－	－	－	－	－
広島 (35)	x	－	－	－	－	－	－	－	－	－	－	－
山口 (36)	43	－	－	－	－	－	－	－	－	－	－	－
徳島 (37)	x	－	－	－	－	－	－	－	－	－	－	－
香川 (38)	－	－	－	－	－	－	－	－	－	－	－	－
愛媛 (39)	33	－	－	－	－	－	－	－	－	－	－	－
高知 (40)	145	－	－	－	－	－	－	－	－	－	－	－
福岡 (41)	32	－	－	－	－	－	－	－	－	－	－	－
佐賀 (42)	25	－	－	－	－	－	－	－	－	－	－	－
長崎 (43)	59	－	－	－	－	－	－	－	－	－	－	－
熊本 (44)	x	－	－	－	－	－	－	－	－	－	－	－
大分 (45)	29	－	－	－	－	－	－	－	－	－	－	－
宮崎 (46)	x	－	－	－	－	－	－	－	－	－	－	－
鹿児島 (47)	x	－	－	－	－	－	－	－	－	－	－	－
沖縄 (48)	x	－	－	－	－	－	－	－	－	－	－	－

単位：千m³

千葉	東京	神奈川	新潟	富山	石川	福井	山梨	長野	岐阜	静岡	愛知	
65	8	6	14	14	45	27	96	83	92	56	12	(1)
–	–	–	–	–	–	–	–	–	–	–	–	(2)
–	–	–	–	–	–	–	–	–	–	–	–	(3)
–	–	–	–	–	–	–	–	–	–	–	–	(4)
x	0	–	–	–	–	–	–	–	–	0	–	(5)
–	–	–	–	–	–	–	–	–	–	–	–	(6)
–	–	–	1	–	–	–	–	–	–	–	–	(7)
–	–	–	3	–	–	–	–	–	–	–	–	(8)
3	–	–	–	–	–	–	–	–	–	–	–	(9)
–	–	–	–	–	–	–	–	–	–	–	–	(10)
–	–	–	–	–	–	–	–	–	–	–	–	(11)
1	x	–	–	–	–	–	–	–	–	–	–	(12)
x	–	–	–	–	–	–	–	–	–	–	–	(13)
–	x	–	–	–	–	–	–	–	–	–	–	(14)
–	–	–	–	–	–	–	–	–	–	–	–	(15)
–	–	–	x	–	–	–	–	–	–	–	–	(16)
–	–	–	x	14	x	–	–	x	x	–	–	(17)
–	–	–	–	–	x	–	–	–	–	–	–	(18)
–	–	–	–	–	–	x	–	–	–	–	–	(19)
–	5	x	–	–	–	–	x	x	–	x	–	(20)
–	–	–	0	–	–	–	–	66	–	–	–	(21)
–	–	–	–	–	–	–	–	x	76	–	–	(22)
–	–	x	–	–	–	–	x	–	–	x	–	(23)
–	–	–	–	–	–	–	–	–	–	–	12	(24)
–	–	–	–	–	–	–	–	–	–	–	–	(25)
–	–	–	–	–	–	x	–	–	x	–	–	(26)
–	–	–	–	–	x	x	–	–	–	–	–	(27)
–	–	–	–	–	–	–	–	–	–	–	–	(28)
–	–	–	–	–	–	–	–	–	–	–	–	(29)
–	–	–	–	–	–	–	–	–	–	–	–	(30)
–	–	–	–	–	–	–	–	–	–	–	–	(31)
–	–	–	–	–	–	–	–	–	–	–	–	(32)
–	–	–	–	–	–	–	–	–	–	–	–	(33)
–	–	–	–	–	–	–	–	–	–	–	–	(34)
–	–	–	–	–	–	–	–	–	–	–	–	(35)
–	–	–	–	–	–	–	–	–	–	–	–	(36)
–	–	–	–	–	–	–	–	–	–	–	–	(37)
–	–	–	–	–	–	–	–	–	–	–	–	(38)
–	–	–	–	–	–	–	–	–	–	–	–	(39)
–	–	–	–	–	–	–	–	–	–	–	–	(40)
–	–	–	–	–	–	–	–	–	–	–	–	(41)
–	–	–	–	–	–	–	–	–	–	–	–	(42)
–	–	–	–	–	–	–	–	–	–	–	–	(43)
–	–	–	–	–	–	–	–	–	–	–	–	(44)
–	–	–	–	–	–	–	–	–	–	–	–	(45)
–	–	–	–	–	–	–	–	–	–	–	–	(46)
–	–	–	–	–	–	–	–	–	–	–	–	(47)
–	–	–	–	–	–	–	–	–	–	–	–	(48)

イ　主要部門別素材交流表（続き）

(ｴ)　木材チップ用（続き）

入荷県＼生産県	三重	滋賀	京都	大阪	兵庫	奈良	和歌山	鳥取	島根	岡山	広島	山口
全　国 (1)	**45**	**38**	**56**	**1**	**62**	**5**	**52**	**52**	**187**	**34**	**163**	**76**
北海道 (2)	-	-	-	-	-	-	-	-	-	-	-	-
青　森 (3)	-	-	-	-	-	-	-	-	-	-	-	-
岩　手 (4)	-	-	-	-	-	-	-	-	-	-	-	-
宮　城 (5)	-	-	-	-	-	-	-	-	-	-	-	-
秋　田 (6)	-	-	-	-	-	-	-	-	-	-	-	-
山　形 (7)	-	-	-	-	-	-	-	-	-	-	-	-
福　島 (8)	-	-	-	-	-	-	-	-	-	-	-	-
茨　城 (9)	-	-	-	-	-	-	-	-	-	-	-	-
栃　木 (10)	-	-	-	-	-	-	-	-	-	-	-	-
群　馬 (11)	-	-	-	-	-	-	-	-	-	-	-	-
埼　玉 (12)	-	-	-	-	-	-	-	-	-	-	-	-
千　葉 (13)	-	-	-	-	-	-	-	-	-	-	-	-
東　京 (14)	-	-	-	-	-	-	-	-	-	-	-	-
神奈川 (15)	-	-	-	-	-	-	-	-	-	-	-	-
新　潟 (16)	-	-	-	-	-	-	-	-	-	-	-	-
富　山 (17)	-	-	-	-	-	-	-	-	-	-	-	-
石　川 (18)	-	-	-	-	-	-	-	-	-	-	-	-
福　井 (19)	-	-	-	-	-	-	-	-	-	-	-	-
山　梨 (20)	-	-	-	-	-	-	-	-	-	-	-	-
長　野 (21)	-	-	-	-	-	-	-	-	-	-	-	-
岐　阜 (22)	-	-	-	-	-	-	-	-	-	-	-	-
静　岡 (23)	-	-	-	-	-	-	-	-	-	-	-	-
愛　知 (24)	-	-	-	-	-	-	-	-	-	-	-	-
三　重 (25)	x	0	-	-	-	-	x	-	-	x	-	-
滋　賀 (26)	-	38	-	-	-	-	-	-	-	-	-	-
京　都 (27)	-	-	56	1	23	x	-	x	-	-	-	-
大　阪 (28)	-	-	-	-	-	-	-	-	-	-	-	-
兵　庫 (29)	-	-	-	-	39	-		2	-	-	-	-
奈　良 (30)	x	-	-	-	-	x	-	-	-	-	-	-
和歌山 (31)	x	-	-	-	-	-	x	-	-	-	-	-
鳥　取 (32)	-	-	-	-	-	-	-	x	x	-	-	-
島　根 (33)	-	-	-	-	-	-	-	x	x	-	8	x
岡　山 (34)	-	-	-	-	-	-	-	-	-	23	-	-
広　島 (35)	-	-	-	-	-	-	-	-	-	x	155	x
山　口 (36)	-	-	-	-	-	-	-	-	-	-	-	x
徳　島 (37)	-	-	-	-	-	-	-	-	-	-	-	-
香　川 (38)	-	-	-	-	-	-	-	-	-	-	-	-
愛　媛 (39)	-	-	-	-	-	-	-	-	-	-	-	-
高　知 (40)	-	-	-	-	-	-	-	-	-	-	-	-
福　岡 (41)	-	-	-	-	-	-	-	-	-	-	-	-
佐　賀 (42)	-	-	-	-	-	-	-	-	-	-	-	-
長　崎 (43)	-	-	-	-	-	-	-	-	-	-	-	-
熊　本 (44)	-	-	-	-	-	-	-	-	-	-	-	-
大　分 (45)	-	-	-	-	-	-	-	-	-	-	-	-
宮　崎 (46)	-	-	-	-	-	-	-	-	-	-	-	-
鹿児島 (47)	-	-	-	-	-	-	-	-	-	-	-	-
沖　縄 (48)	-	-	-	-	-	-	-	-	-	-	-	-

単位：千m^3

徳 島	香 川	愛 媛	高 知	福 岡	佐 賀	長 崎	熊 本	大 分	宮 崎	鹿児島	沖 縄	
53	-	33	145	29	24	60	118	34	81	140	0	(1)
–	–	–	–	–	–	–	–	–	–	–	–	(2)
–	–	–	–	–	–	–	–	–	–	–	–	(3)
–	–	–	–	–	–	–	–	–	–	–	–	(4)
–	–	–	–	–	–	–	–	–	–	–	–	(5)
–	–	–	–	–	–	–	–	–	–	–	–	(6)
–	–	–	–	–	–	–	–	–	–	–	–	(7)
–	–	–	–	–	–	–	–	–	–	–	–	(8)
–	–	–	–	–	–	–	–	–	–	–	–	(9)
–	–	–	–	–	–	–	–	–	–	–	–	(10)
–	–	–	–	–	–	–	–	–	–	–	–	(11)
–	–	–	–	–	–	–	–	–	–	–	–	(12)
–	–	–	–	–	–	–	–	–	–	–	–	(13)
–	–	–	–	–	–	–	–	–	–	–	–	(14)
–	–	–	–	–	–	–	–	–	–	–	–	(15)
–	–	–	–	–	–	–	–	–	–	–	–	(16)
–	–	–	–	–	–	–	–	–	–	–	–	(17)
–	–	–	–	–	–	–	–	–	–	–	x	(18)
–	–	–	–	–	–	–	–	–	–	–	–	(19)
–	–	–	–	–	–	–	–	–	–	–	–	(20)
–	–	–	–	–	–	–	–	–	–	–	–	(21)
–	–	–	–	–	–	–	–	–	–	–	–	(22)
–	–	–	–	–	–	–	–	–	–	–	–	(23)
–	–	–	–	–	–	–	–	–	–	–	–	(24)
–	–	–	–	–	–	–	–	–	–	–	–	(25)
–	–	–	–	–	–	–	–	–	–	–	–	(26)
–	–	–	–	–	–	–	–	–	–	–	–	(27)
–	–	–	–	–	–	–	–	–	–	–	–	(28)
–	–	–	–	–	–	–	–	–	–	–	–	(29)
–	–	–	–	–	–	–	–	–	–	–	–	(30)
–	–	–	–	–	–	–	–	–	–	–	–	(31)
x	–	x	–	–	–	–	–	–	–	–	–	(32)
–	–	–	–	–	–	–	–	–	–	–	–	(33)
–	–	–	–	–	–	–	–	–	–	–	–	(34)
–	–	–	–	–	–	–	–	–	–	–	–	(35)
x	–	–	–	0	–	–	–	–	–	–	–	(36)
x	–	–	0	–	–	–	–	–	–	–	–	(37)
–	–	–	–	–	–	–	–	–	–	–	–	(38)
x	–	x	–	–	–	–	–	–	–	–	–	(39)
–	–	–	145	–	–	–	–	–	–	–	–	(40)
–	–	–	–	23	4	–	5	–	–	–	–	(41)
–	–	–	–	3	20	1	–	1	–	–	–	(42)
–	–	–	–	–	–	59	–	–	–	–	–	(43)
–	–	–	–	1	0	–	x	x	x	x	–	(44)
–	–	–	–	2	–	–	x	x	–	–	–	(45)
–	–	–	–	–	–	–	–	–	x	–	–	(46)
–	–	–	–	–	–	–	–	–	x	x	x	(47)
–	–	–	–	–	–	–	–	–	–	–	x	(48)

(2)　素材生産量

ア　主要部門別素材生産量

単位：千m^3

全国・都道府県	計	製材用	合板等用	木材チップ用
全国 (1)	**21,640**	**12,563**	**4,492**	**4,585**
北海道 (2)	3,335	1,771	612	952
青森 (3)	899	360	301	238
岩手 (4)	1,514	524	589	401
宮城 (5)	614	181	283	150
秋田 (6)	1,285	496	602	187
山形 (7)	355	184	92	79
福島 (8)	859	488	68	303
茨城 (9)	405	316	2	87
栃木 (10)	577	477	4	96
群馬 (11)	234	152	32	50
埼玉 (12)	74	38	0	36
千葉 (13)	90	25	0	65
東京 (14)	27	18	1	8
神奈川 (15)	19	11	2	6
新潟 (16)	99	58	27	14
富山 (17)	57	26	17	14
石川 (18)	132	56	31	45
福井 (19)	100	46	27	27
山梨 (20)	138	24	18	96
長野 (21)	485	170	232	83
岐阜 (22)	426	248	86	92
静岡 (23)	367	204	107	56
愛知 (24)	197	92	93	12
三重 (25)	295	204	46	45
滋賀 (26)	76	23	15	38
京都 (27)	137	49	32	56
大阪 (28)	6	5	0	1
兵庫 (29)	298	96	140	62
奈良 (30)	121	110	6	5
和歌山 (31)	222	143	27	52
鳥取 (32)	283	75	156	52
島根 (33)	503	97	219	187
岡山 (34)	351	295	22	34
広島 (35)	339	150	26	163
山口 (36)	231	132	23	76
徳島 (37)	295	175	67	53
香川 (38)	4	4	−	−
愛媛 (39)	523	484	6	33
高知 (40)	519	329	45	145
福岡 (41)	218	189	0	29
佐賀 (42)	123	99	−	24
長崎 (43)	117	56	1	60
熊本 (44)	1,045	826	101	118
大分 (45)	1,075	912	129	34
宮崎 (46)	1,925	1,753	91	81
鹿児島 (47)	645	391	114	140
沖縄 (48)	1	1	−	0

イ 主要部門別、樹種別素材生産量

(ア) 合計

単位：千m^3

計	針葉樹							広葉樹	
	小計	あかまつ・くろまつ	すぎ	ひのき	からまつ	えぞまつ・とどまつ	その他		
21,640	**19,462**	**628**	**12,532**	**2,771**	**2,252**	**1,114**	**165**	**2,178**	(1)
3,335	2,758	0	64	0	1,538	1,114	42	577	(2)
899	838	70	711	-	36	-	21	61	(3)
1,514	1,238	230	750	0	258	-	0	276	(4)
614	556	80	467	3	5	-	1	58	(5)
1,285	1,178	3	1,130	-	28	-	17	107	(6)
355	331	9	313	0	9	-	-	24	(7)
859	704	45	585	51	21	-	2	155	(8)
405	373	5	281	86	0	-	1	32	(9)
577	535	4	376	149	3	-	3	42	(10)
234	226	8	150	23	43	-	2	8	(11)
74	47	1	33	11	1	-	1	27	(12)
90	48	1	40	5	1	-	1	42	(13)
27	24	1	14	9	0	-	0	3	(14)
19	16	1	9	6	-	-	0	3	(15)
99	92	0	92	0	0	-	0	7	(16)
57	51	1	49	1	0	-	0	6	(17)
132	107	5	92	1	1	-	8	25	(18)
100	96	0	91	4	0	-	1	4	(19)
138	100	14	31	14	26	-	15	38	(20)
485	476	45	93	53	265	-	20	9	(21)
426	412	6	223	163	17	-	3	14	(22)
367	359	3	181	170	0	-	5	8	(23)
197	190	1	104	81	0	-	4	7	(24)
295	288	1	164	116	-	-	7	7	(25)
76	64	2	41	21	-	-	-	12	(26)
137	118	0	89	29	-	-	-	19	(27)
6	6	0	4	2	-	-	-	0	(28)
298	282	2	192	88	0	-	0	16	(29)
121	121	0	70	50	-	-	1	0	(30)
222	216	0	134	82	-	-	0	6	(31)
283	253	12	188	52	-	-	1	30	(32)
503	397	24	316	49	0	-	8	106	(33)
351	328	5	104	218	0	-	1	23	(34)
339	219	17	99	103	0	-	0	120	(35)
231	190	4	139	47	-	-	0	41	(36)
295	275	1	231	43	-	-	-	20	(37)
4	4	0	1	3	0	-	-	-	(38)
523	523	11	312	200	-	-	0	0	(39)
519	505	3	321	181	-	-	0	14	(40)
218	207	1	163	43	-	-	0	11	(41)
123	109	1	66	42	-	-	-	14	(42)
117	79	0	35	44	-	-	-	38	(43)
1,045	1,000	2	784	214	-	-	0	45	(44)
1,075	1,061	0	898	163	-	-	-	14	(45)
1,925	1,881	6	1,790	85	-	-	-	44	(46)
645	581	3	512	66	-	-	0	64	(47)
1	0	-	-	-	-	-	0	1	(48)

イ　主要部門別、樹種別素材生産量（続き）

（ｲ）　製材用

単位：千m^3

全国・都道府県	計	針葉樹							広葉樹
		小計	あかまつ・くろまつ	すぎ	ひのき	からまつ	えぞまつ・とどまつ	その他	
全　国 (1)	**12,563**	**12,421**	**156**	**8,237**	**2,159**	**1,106**	**701**	**62**	**142**
北海道 (2)	1,771	1,725	0	61	0	949	701	14	46
青　森 (3)	360	357	6	320	−	10	−	21	3
岩　手 (4)	524	485	31	378	0	76	−	0	39
宮　城 (5)	181	180	33	145	2	0	−	0	1
秋　田 (6)	496	488	0	487	−	1	−	0	8
山　形 (7)	184	182	0	182	−	0	−	−	2
福　島 (8)	488	485	14	428	39	2	−	2	3
茨　城 (9)	316	314	−	232	82	0	−	0	2
栃　木 (10)	477	477	−	328	148	−	−	1	0
群　馬 (11)	152	151	2	119	18	11	−	1	1
埼　玉 (12)	38	34	−	27	7	0	−	0	4
千　葉 (13)	25	25	−	20	3	1	−	1	0
東　京 (14)	18	18	−	10	8	0	−	0	0
神奈川 (15)	11	11	−	6	5	−	−	0	0
新　潟 (16)	58	57	−	57	0	0	−	0	1
富　山 (17)	26	26	−	25	1	−	−	0	0
石　川 (18)	56	56	0	47	1	0	−	8	0
福　井 (19)	46	46	0	44	1	0	−	1	0
山　梨 (20)	24	24	2	15	3	3	−	1	0
長　野 (21)	170	169	16	48	44	53	−	8	1
岐　阜 (22)	248	243	2	132	108	0	−	1	5
静　岡 (23)	204	204	0	106	98	−	−	0	0
愛　知 (24)	92	91	0	48	43	−	−	0	1
三　重 (25)	204	204	0	105	98	−	−	1	0
滋　賀 (26)	23	23	0	13	10	−	−	−	0
京　都 (27)	49	49	0	39	10	−	−	−	0
大　阪 (28)	5	5	0	3	2	−	−	−	0
兵　庫 (29)	96	96	1	69	26	−	−	0	0
奈　良 (30)	110	110	0	64	45	−	−	1	0
和歌山 (31)	143	143	0	90	53	−	−	0	0
鳥　取 (32)	75	75	5	44	26	−	−	0	0
島　根 (33)	97	97	13	68	16	0	−	0	0
岡　山 (34)	295	295	4	81	209	−	−	1	0
広　島 (35)	150	150	5	70	75	−	−	0	0
山　口 (36)	132	131	2	92	37	−	−	0	1
徳　島 (37)	175	175	−	146	29	−	−	−	−
香　川 (38)	4	4	0	1	3	0	−	−	−
愛　媛 (39)	484	484	11	275	198	−	−	0	−
高　知 (40)	329	328	3	160	165	−	−	0	1
福　岡 (41)	189	188	−	149	39	−	−	0	1
佐　賀 (42)	99	99	0	61	38	−	−	−	−
長　崎 (43)	56	56	0	28	28	−	−	−	0
熊　本 (44)	826	820	1	628	191	−	−	0	6
大　分 (45)	912	912	−	767	145	−	−	−	0
宮　崎 (46)	1,753	1,742	5	1,661	76	−	−	−	11
鹿児島 (47)	391	387	−	358	29	−	−	0	4
沖　縄 (48)	1	0	−	−	−	−	−	0	1

(ウ)　合板等用

単位：千m^3

計	針葉樹							広葉樹	
	小計	あかまつ・くろまつ	すぎ	ひのき	からまつ	えぞまつ・とどまつ	その他		
4,492	**4,472**	**189**	**2,851**	**360**	**803**	**242**	**27**	**20**	(1)
612	593	−	1	−	323	242	27	19	(2)
301	301	28	249	−	24	−	−	0	(3)
589	588	120	309	−	159	−	−	1	(4)
283	283	18	261	−	4	−	−	−	(5)
602	602	0	576	−	26	−	−	−	(6)
92	92	1	83	0	8	−	−	−	(7)
68	68	5	44	−	19	−	−	−	(8)
2	2	0	1	1	−	−	−	−	(9)
4	4	−	0	1	3	−	−	−	(10)
32	32	2	4	1	25	−	−	−	(11)
0	0	−	0	−	−	−	−	−	(12)
0	0	−	0	−	−	−	−	−	(13)
1	1	−	1	−	−	−	−	−	(14)
2	2	−	1	1	−	−	−	−	(15)
27	27	−	27	−	0	−	−	−	(16)
17	17	−	17	0	0	−	−	−	(17)
31	31	0	31	0	0	−	−	−	(18)
27	27	−	26	1	−	−	−	−	(19)
18	18	2	0	2	14	−	−	−	(20)
232	232	12	36	3	181	−	0	−	(21)
86	86	0	44	25	17	−	−	−	(22)
107	107	−	48	59	−	−	−	−	(23)
93	93	1	54	38	0	−	−	−	(24)
46	46	−	32	14	−	−	−	−	(25)
15	15	0	11	4	−	−	−	−	(26)
32	32	−	24	8	−	−	−	−	(27)
0	0	−	−	0	−	−	−	−	(28)
140	140	−	87	53	0	−	−	−	(29)
6	6	−	3	3	−	−	−	−	(30)
27	27	−	17	10	−	−	−	−	(31)
156	156	0	133	23	−	−	−	−	(32)
219	219	0	197	22	0	−	−	−	(33)
22	22	−	18	4	0	−	−	−	(34)
26	26	−	8	18	0	−	−	−	(35)
23	23	−	17	6	−	−	−	−	(36)
67	67	−	60	7	−	−	−	−	(37)
−	−	−	−	−	−	−	−	−	(38)
6	6	−	6	−	−	−	−	−	(39)
45	45	−	41	4	−	−	−	−	(40)
0	0	−	0	−	−	−	−	−	(41)
−	−	−	−	−	−	−	−	−	(42)
1	1	−	1	−	−	−	−	−	(43)
101	101	−	84	17	−	−	−	−	(44)
129	129	−	111	18	−	−	−	−	(45)
91	91	−	82	9	−	−	−	−	(46)
114	114	−	106	8	−	−	−	−	(47)
−	−	−	−	−	−	−	−	−	(48)

(2) 素材生産量（続き）

イ 主要部門別・樹種別素材生産量（続き）

(ｴ) 木材チップ用

単位：千m^3

全国・都道府県	計	針葉樹							広葉樹
		小計	あかまつ・くろまつ	すぎ	ひのき	からまつ	えぞまつ・とどまつ	その他	
全国	**4,585**	**2,569**	**283**	**1,444**	**252**	**343**	**171**	**76**	**2,016**
北海道	952	440	−	2	0	266	171	1	512
青森	238	180	36	142	−	2	−	−	58
岩手	401	165	79	63	−	23	−	0	236
宮城	150	93	29	61	1	1	−	1	57
秋田	187	88	3	67	−	1	−	17	99
山形	79	57	8	48	−	1	−	−	22
福島	303	151	26	113	12	0	−	0	152
茨城	87	57	5	48	3	−	−	1	30
栃木	96	54	4	48	0	0	−	2	42
群馬	50	43	4	27	4	7	−	1	7
埼玉	36	13	1	6	4	1	−	1	23
千葉	65	23	1	20	2	−	−	−	42
東京	8	5	1	3	1	−	−	0	3
神奈川	6	3	1	2	0	−	−	0	3
新潟	14	8	0	8	−	0	−	0	6
富山	14	8	1	7	−	−	−	−	6
石川	45	20	5	14	−	1	−	0	25
福井	27	23	0	21	2	−	−	0	4
山梨	96	58	10	16	9	9	−	14	38
長野	83	75	17	9	6	31	−	12	8
岐阜	92	83	4	47	30	0	−	2	9
静岡	56	48	3	27	13	0	−	5	8
愛知	12	6	−	2	−	−	−	4	6
三重	45	38	1	27	4	−	−	6	7
滋賀	38	26	2	17	7	−	−	−	12
京都	56	37	0	26	11	−	−	−	19
大阪	1	1	0	1	0	−	−	−	0
兵庫	62	46	1	36	9	−	−	0	16
奈良	5	5	−	3	2	−	−	−	0
和歌山	52	46	−	27	19	−	−	0	6
鳥取	52	22	7	11	3	−	−	1	30
島根	187	81	11	51	11	−	−	8	106
岡山	34	11	1	5	5	−	−	0	23
広島	163	43	12	21	10	−	−	−	120
山口	76	36	2	30	4	−	−	−	40
徳島	53	33	1	25	7	−	−	−	20
香川	−	−	−	−	−	−	−	−	−
愛媛	33	33	−	31	2	−	−	−	0
高知	145	132	−	120	12	−	−	−	13
福岡	29	19	1	14	4	−	−	−	10
佐賀	24	10	1	5	4	−	−	−	14
長崎	60	22	−	6	16	−	−	−	38
熊本	118	79	1	72	6	−	−	−	39
大分	34	20	0	20	−	−	−	−	14
宮崎	81	48	1	47	−	−	−	−	33
鹿児島	140	80	3	48	29	−	−	−	60
沖縄	0	−	−	−	−	−	−	−	0

2　木材産業の動向

(1)　製材

ア　製材用動力の出力階層別工場数

単位：工場

全国・都道府県	計	7.5～75.0kW未満	75.0～300.0	300.0kW以上	1,000.0kW以上
全　　国 (1)	**4,582**	**2,750**	**1,405**	**427**	**71**
北海道 (2)	176	18	83	75	8
青　森 (3)	80	42	28	10	1
岩　手 (4)	125	62	43	20	3
宮　城 (5)	84	56	17	11	1
秋　田 (6)	101	42	40	19	4
山　形 (7)	107	70	27	10	2
福　島 (8)	161	105	44	12	2
茨　城 (9)	102	66	32	4	2
栃　木 (10)	115	74	29	12	2
群　馬 (11)	86	42	35	9	1
埼　玉 (12)	54	39	12	3	－
千　葉 (13)	101	76	24	1	－
東　京 (14)	23	16	7	－	－
神奈川 (15)	23	20	3	－	－
新　潟 (16)	185	142	35	8	－
富　山 (17)	68	37	24	7	1
石　川 (18)	72	51	17	4	1
福　井 (19)	116	86	28	2	－
山　梨 (20)	24	13	8	3	－
長　野 (21)	138	82	46	10	1
岐　阜 (22)	212	158	46	8	2
静　岡 (23)	189	126	52	11	1
愛　知 (24)	112	74	37	1	1
三　重 (25)	204	142	58	4	1
滋　賀 (26)	91	68	21	2	－
京　都 (27)	61	39	16	6	2
大　阪 (28)	37	23	13	1	－
兵　庫 (29)	102	60	35	7	1
奈　良 (30)	169	129	37	3	－
和歌山 (31)	105	66	35	4	2
鳥　取 (32)	43	29	13	1	1
島　根 (33)	80	46	29	5	－
岡　山 (34)	73	36	28	9	2
広　島 (35)	76	44	17	15	5
山　口 (36)	64	38	19	7	2
徳　島 (37)	94	48	34	12	1
香　川 (38)	27	11	14	2	－
愛　媛 (39)	96	40	42	14	3
高　知 (40)	86	38	36	12	4
福　岡 (41)	108	74	27	7	－
佐　賀 (42)	49	37	9	3	1
長　崎 (43)	50	33	15	2	－
熊　本 (44)	134	71	52	11	1
大　分 (45)	125	69	41	15	2
宮　崎 (46)	141	42	63	36	9
鹿児島 (47)	110	69	32	9	1
沖　縄 (48)	3	1	2	－	－

イ　製材用動力の出力階層別出力数

単位：kW

計	7.5 〜 75.0kW未満	75.0 〜 300.0	300.0kW以上	1,000.0kW以上	
624,978	**102,884**	**199,368**	**322,725**	**148,564**	(1)
60,517	882	16,781	42,855	…	(2)
11,708	1,783	4,686	5,240	…	(3)
20,805	2,617	6,903	11,284	…	(4)
12,286	2,022	2,376	7,888	…	(5)
23,074	1,729	5,637	15,708	…	(6)
14,320	2,565	3,301	8,454	…	(7)
21,638	4,205	6,200	11,234	…	(8)
14,314	2,498	4,200	7,617	…	(9)
15,487	2,823	3,974	8,690	…	(10)
11,098	1,401	4,801	4,896	…	(11)
3,638	1,344	1,090	1,204	…	(12)
6,376	2,434	x	x	…	(13)
1,642	623	1,019	−	−	(14)
1,010	715	296	−	−	(15)
13,993	5,227	4,526	4,240	…	(16)
9,019	1,489	3,318	4,212	…	(17)
6,552	1,947	1,863	2,743	…	(18)
8,001	3,356	3,636	1,010	…	(19)
2,864	575	948	1,341	…	(20)
16,193	3,240	6,514	6,439	…	(21)
16,427	5,245	5,989	5,194	…	(22)
18,327	4,497	7,790	6,039	…	(23)
9,863	2,886	x	x	…	(24)
14,749	4,668	7,771	2,310	…	(25)
5,961	x	2,650	x	…	(26)
9,093	1,455	2,461	5,176	…	(27)
2,866	810	x	x	…	(28)
11,816	2,273	4,949	4,594	…	(29)
9,870	4,502	4,226	1,142	…	(30)
11,517	2,517	4,935	4,065	…	(31)
3,938	1,118	x	x	…	(32)
8,425	1,806	3,638	2,981	…	(33)
14,992	1,449	4,392	9,151	…	(34)
31,796	1,827	1,966	28,004	…	(35)
10,494	1,545	2,747	6,202	…	(36)
14,092	1,913	5,114	7,066	…	(37)
3,679	x	2,000	x	…	(38)
19,967	1,811	5,634	12,521	…	(39)
17,495	1,699	5,481	10,316	…	(40)
10,548	2,689	3,924	3,936	…	(41)
5,244	1,252	1,216	2,775	…	(42)
4,017	1,320	x	x	…	(43)
18,019	2,458	7,268	8,293	…	(44)
19,949	2,493	5,988	11,468	…	(45)
45,465	1,697	9,565	34,203	…	(46)
11,607	2,526	4,511	4,571	…	(47)
230	x	x	−	−	(48)

注：「1,000.0kW以上」は都道府県別に把握していない（以下オにおいて同じ。）。

ウ　製材用動力の出力階層別、製材用素材の材種別入荷工場数及び入荷量

(ア)　合計

全国・都道府県	計		国産材					
			小計		針葉樹		広葉樹	
	工場数	入荷量	工場数	入荷量	工場数	入荷量	工場数	入荷量
	工場	千m^3	工場	千m^3	工場	千m^3	工場	千m^3
全国 (1)	**4,551**	**16,672**	**4,313**	**12,563**	**4,252**	**12,421**	**543**	**142**
北海道 (2)	176	1,792	176	1,756	172	1,711	29	45
青森 (3)	80	x	80	x	80	x	9	x
岩手 (4)	125	606	125	x	125	x	21	x
宮城 (5)	84	x	83	x	83	x	22	x
秋田 (6)	101	514	101	x	96	x	20	x
山形 (7)	107	279	107	277	107	276	8	1
福島 (8)	161	673	133	607	133	605	51	2
茨城 (9)	102	1,274	99	238	99	235	35	3
栃木 (10)	115	468	109	451	107	451	6	0
群馬 (11)	86	129	86	126	86	123	19	3
埼玉 (12)	54	51	52	50	46	47	6	3
千葉 (13)	101	x	97	x	97	24	15	x
東京 (14)	23	x	22	x	22	x	1	x
神奈川 (15)	22	9	21	x	18	x	5	x
新潟 (16)	170	107	164	x	150	73	32	x
富山 (17)	68	209	58	x	58	81	12	x
石川 (18)	67	58	64	x	64	x	1	x
福井 (19)	116	x	116	x	116	x	13	x
山梨 (20)	24	x	23	x	23	x	3	x
長野 (21)	138	147	137	133	137	132	15	1
岐阜 (22)	202	259	191	235	184	x	31	x
静岡 (23)	189	217	178	184	178	184	–	–
愛知 (24)	112	112	88	70	88	67	17	3
三重 (25)	204	264	196	177	196	x	8	x
滋賀 (26)	91	31	90	25	90	25	6	0
京都 (27)	61	129	59	x	54	31	10	x
大阪 (28)	37	13	29	4	25	x	12	x
兵庫 (29)	102	170	96	134	96	x	17	x
奈良 (30)	169	187	157	144	157	x	2	x
和歌山 (31)	105	207	98	171	98	x	2	x
鳥取 (32)	43	x	43	x	43	x	8	0
島根 (33)	80	100	80	78	80	78	17	0
岡山 (34)	73	304	73	301	73	301	12	0
広島 (35)	76	1,890	59	206	59	206	4	0
山口 (36)	64	244	62	133	62	132	12	1
徳島 (37)	94	217	83	x	83	x	–	–
香川 (38)	27	50	7	7	7	7	–	–
愛媛 (39)	96	742	92	584	92	584	–	–
高知 (40)	86	437	81	276	81	x	6	x
福岡 (41)	108	461	100	441	100	441	–	–
佐賀 (42)	49	191	49	188	49	188	–	–
長崎 (43)	50	41	50	37	50	37	6	0
熊本 (44)	134	716	134	x	134	x	6	x
大分 (45)	125	793	125	787	125	x	1	x
宮崎 (46)	141	1,760	127	x	122	1,726	28	x
鹿児島 (47)	110	x	110	x	104	262	13	x
沖縄 (48)	3	x	3	x	3	x	2	x

注：1　1年間に入荷のあった製材工場数及び入荷量である（以下(エ)において同じ。）。
　　2　工場数は複数の樹種、材種を製材している工場があるため、計と内訳は一致しない（以下(エ)において同じ。）。

輸入材												
小計		南洋材		米材		北洋材		ﾆｭｰｼﾞｰﾗﾝﾄﾞ材		その他		
工場数	入荷量	工場数	入荷量	工場数	入荷量	工場数	入荷量	工場数	入荷量	工場数	入荷量	
工場	千m^3	工場	千m^3	工場	千m^3	工場	千m^3	工場	千m^3	工場	千m^3	
1,030	**4,109**	**145**	**43**	**863**	**3,224**	**114**	**243**	**66**	**415**	**55**	**184**	(1)
14	36	−	−	14	36	−	−	−	−	−	−	(2)
				0	0	0	0	0	0	0	0	
14	x	−	−	14	x	−	−	−	−	−	−	(3)
19	x	−	−	19	x	−	−	−	−	−	−	(4)
28	x	−	−	28	x	−	−	−	−	−	−	(5)
20	x	4	x	11	x	4	x	−	−	9	x	(6)
20	2	−	−	20	2	−	−	−	−	−	−	(7)
49	66	−	−	49	54	−	−	−	−	3	12	(8)
11	1,036	−	−	9	x	−	−	2	x	−	−	(9)
10	17	1	x	10	6	2	x	1	x	−	−	(10)
17	3	4	x	17	2	4	x	−	−	4	x	(11)
4	1	−	−	4	1	−	−	−	−	−	−	(12)
10	x	1	x	8	17	2	x	1	x	−	−	(13)
7	x	1	x	5	x	−	−	1	x	−	−	(14)
2	x	−	−	2	x	−	−	−	−	−	−	(15)
41	x	3	x	34	x	4	x	−	−	−	−	(16)
27	x	−	−	9	x	18	x	−	−	−	−	(17)
35	x	5	0	30	x	10	x	−	−	−	−	(18)
47	x	8	0	46	11	3	x	−	−	−	−	(19)
2	x	−	−	2	x	−	−	−	−	−	−	(20)
36	14	2	x	34	9	4	0	1	x	−	−	(21)
21	24	5	2	18	15	7	x	−	−	1	x	(22)
55	33	12	1	44	28	3	2	3	1	5	1	(23)
41	42	14	10	33	27	4	x	4	x	5	x	(24)
22	87	4	4	16	66	5	x	4	4	1	x	(25)
25	6	5	x	21	2	1	x	3	2	2	x	(26)
28	x	−	−	24	x	5	x	−	−	2	x	(27)
26	9	4	0	19	8	3	x	1	x	−	−	(28)
24	36	12	10	18	8	1	x	2	x	5	7	(29)
24	43	2	x	23	x	−	−	−	−	−	−	(30)
24	36	−	−	21	11	−	−	4	x	2	x	(31)
13	x	−	−	13	x	−	−	−	−	−	−	(32)
33	22	7	x	30	x	1	x	2	x	−	−	(33)
7	3	2	x	7	x	2	x	−	−	−	−	(34)
36	1,684	8	x	30	x	8	x	6	x	−	−	(35)
32	111	5	0	26	106	4	0	10	5	4	0	(36)
42	x	−	−	42	x	−	−	−	−	−	−	(37)
25	43	8	x	17	6	10	x	−	−	4	33	(38)
25	158	4	x	23	124	1	x	2	x	−	−	(39)
16	161	−	−	12	x	−	−	10	x	−	−	(40)
20	20	3	1	17	10	−	−	−	−	3	9	(41)
4	3	−	−	4	3	−	−	−	−	−	−	(42)
14	4	1	x	12	x	−	−	1	x	−	−	(43)
21	x	14	2	8	x	6	x	1	x	−	−	(44)
8	6	−	−	8	6	−	−	−	−	−	−	(45)
28	x	5	x	12	10	2	x	5	x	5	4	(46)
2	x	−	−	−	−	−	−	2	x	−	−	(47)
1	x	1	x	−	−	−	−	−	−	−	−	(48)

ウ　製材用動力の出力階層別、製材用素材の材種別入荷工場数及び入荷量（続き）

(イ)　7.5～75.0kW未満

全国・都道府県	計		国産材					
			小計		針葉樹		広葉樹	
	工場数	入荷量	工場数	入荷量	工場数	入荷量	工場数	入荷量
	工場	千m^3	工場	千m^3	工場	千m^3	工場	千m^3
全国 (1)	**2,723**	**945**	**2,613**	**840**	**2,569**	**823**	**299**	**17**
北海道 (2)	18	13	18	13	18	13	6	0
青森 (3)	42	x	42	x	42	x	6	x
岩手 (4)	62	35	62	x	62	x	−	−
宮城 (5)	56	x	56	x	56	x	17	x
秋田 (6)	42	54	42	x	42	x	4	x
山形 (7)	70	9	70	9	70	8	8	1
福島 (8)	105	29	89	17	89	16	18	1
茨城 (9)	66	13	65	x	65	x	28	x
栃木 (10)	74	19	73	x	71	x	6	0
群馬 (11)	42	17	42	x	42	x	−	−
埼玉 (12)	39	10	38	x	34	8	4	x
千葉 (13)	76	x	75	x	75	x	15	x
東京 (14)	16	x	15	x	15	x	−	−
神奈川 (15)	19	x	19	x	16	x	5	x
新潟 (16)	128	26	127	26	113	x	30	x
富山 (17)	37	7	36	x	36	x	6	x
石川 (18)	46	13	43	x	43	x	−	−
福井 (19)	86	x	86	x	86	x	4	x
山梨 (20)	13	x	13	x	13	x	−	−
長野 (21)	82	23	81	18	81	18	12	0
岐阜 (22)	151	35	143	x	137	x	23	2
静岡 (23)	126	48	120	39	120	39	−	−
愛知 (24)	74	x	55	x	55	x	10	1
三重 (25)	142	52	141	x	141	x	8	x
滋賀 (26)	68	18	67	16	67	x	4	x
京都 (27)	39	7	39	x	34	x	10	x
大阪 (28)	23	x	21	x	17	x	9	0
兵庫 (29)	60	12	58	8	58	x	7	x
奈良 (30)	129	51	127	x	127	x	2	x
和歌山 (31)	66	33	64	29	64	29	−	−
鳥取 (32)	29	x	29	x	29	x	8	0
島根 (33)	46	8	46	6	46	6	13	0
岡山 (34)	36	24	36	24	36	24	5	0
広島 (35)	44	5	32	4	32	x	1	x
山口 (36)	38	6	37	x	37	x	7	0
徳島 (37)	48	23	37	x	37	x	−	−
香川 (38)	11	x	2	x	2	x	−	−
愛媛 (39)	40	9	40	9	40	9	−	−
高知 (40)	38	x	38	x	38	x	−	−
福岡 (41)	74	41	68	40	68	40	−	−
佐賀 (42)	37	x	37	x	37	x	−	−
長崎 (43)	33	x	33	x	33	x	6	0
熊本 (44)	71	54	71	x	71	x	−	−
大分 (45)	69	48	69	48	69	48	−	−
宮崎 (46)	42	x	41	x	41	x	9	x
鹿児島 (47)	69	x	69	x	63	x	8	x
沖縄 (48)	1	x	1	x	1	x	−	−

輸入材												
小計		南洋材		米材		北洋材		ニュージーランド材		その他		
工場数	入荷量	工場数	入荷量	工場数	入荷量	工場数	入荷量	工場数	入荷量	工場数	入荷量	
工場	千m³	工場	千m³	工場	千m³	工場	千m³	工場	千m³	工場	千m³	
447	**105**	**39**	**10**	**395**	**64**	**44**	**6**	**14**	**11**	**12**	**14**	(1)
–	–	–	–	–	–	–	–	–	–	–	–	(2)
7	x	–	–	7	x	–	–	–	–	–	–	(3)
10	x	–	–	10	x	–	–	–	–	–	–	(4)
15	0	–	–	15	0	–	–	–	–	–	–	(5)
14	x	4	x	5	x	4	x	–	–	5	x	(6)
–	–	–	–	–	–	–	–	–	–	–	–	(7)
28	12	–	–	28	12	–	–	–	–	–	–	(8)
9	x	–	–	8	x	–	–	1	x	–	–	(9)
3	x	1	x	3	2	1	x	1	x	–	–	(10)
7	x	2	x	7	x	2	x	–	–	2	x	(11)
2	x	–	–	2	x	–	–	–	–	–	–	(12)
1	x	–	–	–	–	–	–	1	x	–	–	(13)
5	x	–	–	4	0	–	–	1	x	–	–	(14)
1	x	–	–	1	x	–	–	–	–	–	–	(15)
22	0	–	–	22	0	–	–	–	–	–	–	(16)
6	x	–	–	6	x	–	–	–	–	–	–	(17)
28	x	5	0	24	x	8	x	–	–	–	–	(18)
32	x	–	–	32	x	–	–	–	–	–	–	(19)
1	x	–	–	1	x	–	–	–	–	–	–	(20)
15	5	–	–	14	x	–	–	1	x	–	–	(21)
14	x	2	x	13	x	–	–	–	–	–	–	(22)
23	9	8	1	17	5	1	x	2	x	1	x	(23)
14	7	3	2	14	4	2	x	–	–	1	x	(24)
6	x	–	–	6	x	5	x	–	–	–	–	(25)
18	2	3	0	14	x	–	–	1	x	1	x	(26)
10	x	–	–	10	x	–	–	–	–	–	–	(27)
19	x	4	0	15	x	–	–	–	–	–	–	(28)
6	4	–	–	4	x	–	–	–	–	2	x	(29)
8	x	1	x	7	x	–	–	–	–	–	–	(30)
8	4	–	–	8	x	–	–	2	x	–	–	(31)
8	x	–	–	8	x	–	–	–	–	–	–	(32)
9	2	1	x	8	x	–	–	–	–	–	–	(33)
–	–	–	–	–	–	–	–	–	–	–	–	(34)
15	1	–	–	12	x	7	x	–	–	–	–	(35)
14	x	–	–	10	x	–	–	4	0	–	–	(36)
34	x	–	–	34	x	–	–	–	–	–	–	(37)
10	x	2	x	2	x	8	x	–	–	–	–	(38)
–	–	–	–	–	–	–	–	–	–	–	–	(39)
–	–	–	–	–	–	–	–	–	–	–	–	(40)
10	1	–	–	10	1	–	–	–	–	–	–	(41)
–	–	–	–	–	–	–	–	–	–	–	–	(42)
6	1	–	–	6	1	–	–	–	–	–	–	(43)
8	x	2	x	8	x	6	x	–	–	–	–	(44)
–	–	–	–	–	–	–	–	–	–	–	–	(45)
–	–	–	–	–	–	–	–	–	–	–	–	(46)
–	–	–	–	–	–	–	–	–	–	–	–	(47)
1	x	1	x	–	–	–	–	–	–	–	–	(48)

ウ　製材用動力の出力階層別、製材用素材の材種別入荷工場数及び入荷量（続き）

(ウ)　75.0～300.0kW

全国・都道府県	計		国産材					
			小計		針葉樹		広葉樹	
	工場数	入荷量	工場数	入荷量	工場数	入荷量	工場数	入荷量
	工場	千m^3	工場	千m^3	工場	千m^3	工場	千m^3
全国 (1)	**1,401**	**3,585**	**1,302**	**3,110**	**1,285**	**3,021**	**195**	**89**
北海道 (2)	83	343	83	343	79	298	13	45
青森 (3)	28	50	28	x	28	49	3	x
岩手 (4)	43	73	43	x	43	x	16	x
宮城 (5)	17	40	16	x	16	x	5	0
秋田 (6)	40	76	40	x	35	52	12	x
山形 (7)	27	31	27	30	27	30	−	−
福島 (8)	44	150	32	128	32	127	25	1
茨城 (9)	32	116	31	x	31	107	7	x
栃木 (10)	29	81	25	x	25	x	−	−
群馬 (11)	35	41	35	x	35	37	17	x
埼玉 (12)	12	12	12	12	10	x	2	x
千葉 (13)	24	25	21	13	21	13	−	−
東京 (14)	7	10	7	x	7	x	1	x
神奈川 (15)	3	x	2	x	2	x	−	−
新潟 (16)	34	41	29	x	29	x	−	−
富山 (17)	24	33	21	x	21	16	6	x
石川 (18)	17	14	17	x	17	x	−	−
福井 (19)	28	38	28	27	28	27	7	0
山梨 (20)	8	16	7	x	7	x	−	−
長野 (21)	46	58	46	50	46	x	2	x
岐阜 (22)	43	103	41	93	40	x	7	x
静岡 (23)	52	99	48	85	48	85	−	−
愛知 (24)	37	78	32	43	32	41	7	2
三重 (25)	58	108	53	96	53	96	−	−
滋賀 (26)	21	x	21	x	21	x	2	x
京都 (27)	16	21	16	14	16	14	−	−
大阪 (28)	13	5	8	x	8	x	3	x
兵庫 (29)	35	57	31	29	31	29	9	0
奈良 (30)	37	108	29	74	29	74	−	−
和歌山 (31)	35	101	30	69	30	x	2	x
鳥取 (32)	13	24	13	23	13	23	−	−
島根 (33)	29	45	29	31	29	31	4	0
岡山 (34)	28	79	28	76	28	76	7	0
広島 (35)	17	16	16	7	16	x	2	x
山口 (36)	19	28	19	x	19	x	4	x
徳島 (37)	34	89	34	72	34	72	−	−
香川 (38)	14	12	3	6	3	6	−	−
愛媛 (39)	42	153	41	126	41	126	−	−
高知 (40)	36	x	33	x	33	58	6	x
福岡 (41)	27	150	25	148	25	148	−	−
佐賀 (42)	9	x	9	x	9	x	−	−
長崎 (43)	15	21	15	18	15	18	−	−
熊本 (44)	52	245	52	x	52	244	6	x
大分 (45)	41	232	41	226	41	x	1	x
宮崎 (46)	63	x	51	x	46	x	12	x
鹿児島 (47)	32	113	32	x	32	x	5	x
沖縄 (48)	2	x	2	x	2	x	2	x

輸入材												
小計		南洋材		米材		北洋材		ニュージーランド材		その他		
工場数	入荷量	工場数	入荷量	工場数	入荷量	工場数	入荷量	工場数	入荷量	工場数	入荷量	
工場	千m^3	工場	千m^3	工場	千m^3	工場	千m^3	工場	千m^3	工場	千m^3	
477	475	97	30	382	233	52	47	44	127	26	38	(1)
4	0	−	−	4	0	−	−	−	−	−	−	(2)
6	x	−	−	6	x	−	−	−	−	−	−	(3)
7	x	−	−	7	x	−	−	−	−	−	−	(4)
13	x	−	−	13	x	−	−	−	−	−	−	(5)
2	x	−	−	2	x	−	−	−	−	−	−	(6)
16	1	−	−	16	1	−	−	−	−	−	−	(7)
18	22	−	−	18	x	−	−	−	−	2	x	(8)
1	x	−	−	−	−	−	−	1	x	−	−	(9)
5	x	−	−	5	x	−	−	−	−	−	−	(10)
9	x	2	x	9	1	2	x	−	−	2	x	(11)
−	−	−	−	−	−	−	−	−	−	−	−	(12)
8	12	−	−	7	x	1	x	−	−	−	−	(13)
2	x	1	x	1	x	−	−	−	−	−	−	(14)
1	x	−	−	1	x	−	−	−	−	−	−	(15)
15	x	3	x	10	x	2	x	−	−	−	−	(16)
14	x	−	−	3	x	11	x	−	−	−	−	(17)
7	x	−	−	6	x	2	x	−	−	−	−	(18)
15	11	8	0	14	x	3	x	−	−	−	−	(19)
1	x	−	−	1	x	−	−	−	−	−	−	(20)
14	8	2	x	13	x	4	0	−	−	−	−	(21)
6	10	3	x	4	8	6	x	−	−	−	−	(22)
25	14	4	0	20	13	2	x	1	x	4	x	(23)
27	35	11	8	19	23	2	x	4	x	4	x	(24)
14	12	4	4	8	4	−	−	4	4	−	−	(25)
6	x	2	x	6	x	1	x	1	x	−	−	(26)
12	7	−	−	12	x	1	x	−	−	−	−	(27)
6	x	−	−	3	2	3	x	1	x	−	−	(28)
15	28	10	x	11	5	1	x	2	x	1	x	(29)
14	34	1	x	14	x	−	−	−	−	−	−	(30)
16	32	−	−	13	x	−	−	2	x	2	x	(31)
5	1	−	−	5	1	−	−	−	−	−	−	(32)
21	14	3	x	20	x	1	x	1	x	−	−	(33)
7	3	2	x	7	x	2	x	−	−	−	−	(34)
10	9	7	x	10	x	−	−	3	x	−	−	(35)
16	x	5	0	14	x	4	0	6	5	4	0	(36)
4	17	−	−	4	17	−	−	−	−	−	−	(37)
13	6	4	x	13	3	2	x	−	−	2	x	(38)
20	27	4	x	18	x	−	−	2	x	−	−	(39)
14	x	−	−	12	x	−	−	8	x	−	−	(40)
7	2	3	1	4	1	−	−	−	−	−	−	(41)
3	x	−	−	3	x	−	−	−	−	−	−	(42)
8	3	1	x	6	x	−	−	1	x	−	−	(43)
12	x	12	x	−	−	−	−	−	−	−	−	(44)
8	6	−	−	8	6	−	−	−	−	−	−	(45)
28	x	5	x	12	10	2	x	5	x	5	4	(46)
2	x	−	−	−	−	−	−	2	x	−	−	(47)
−	−	−	−	−	−	−	−	−	−	−	−	(48)

ウ　製材用動力の出力階層別、製材用素材の材種別入荷工場数及び入荷量（続き）

(ｴ)　300.0kW以上

全国・都道府県	計		国産材					
			小計		針葉樹		広葉樹	
	工場数	入荷量	工場数	入荷量	工場数	入荷量	工場数	入荷量
	工場	千m^3	工場	千m^3	工場	千m^3	工場	千m^3
全国 (1)	**427**	**12,142**	**398**	**8,613**	**398**	**8,577**	**49**	**36**
北海道 (2)	75	1,436	75	1,400	75	1,400	10	0
青森 (3)	10	113	10	x	10	x	-	-
岩手 (4)	20	498	20	x	20	479	5	x
宮城 (5)	11	146	11	146	11	146	-	-
秋田 (6)	19	384	19	x	19	375	4	x
山形 (7)	10	239	10	238	10	238	-	-
福島 (8)	12	494	12	462	12	462	8	0
茨城 (9)	4	1,145	3	x	3	x	-	-
栃木 (10)	12	368	11	x	11	x	-	-
群馬 (11)	9	71	9	x	9	x	2	x
埼玉 (12)	3	29	2	x	2	x	-	-
千葉 (13)	1	x	1	x	1	x	-	-
東京 (14)	-	-	-	-	-	-	-	-
神奈川 (15)	-	-	-	-	-	-	-	-
新潟 (16)	8	40	8	x	8	x	2	x
富山 (17)	7	169	1	x	1	x	-	-
石川 (18)	4	31	4	31	4	x	1	x
福井 (19)	2	x	2	x	2	x	2	x
山梨 (20)	3	3	3	3	3	x	3	x
長野 (21)	10	66	10	65	10	x	1	x
岐阜 (22)	8	121	7	x	7	x	1	x
静岡 (23)	11	70	10	60	10	60	-	-
愛知 (24)	1	x	1	x	1	x	-	-
三重 (25)	4	104	2	x	2	x	-	-
滋賀 (26)	2	x	2	x	2	x	-	-
京都 (27)	6	101	4	x	4	x	-	-
大阪 (28)	1	x	-	-	-	-	-	-
兵庫 (29)	7	101	7	97	7	x	1	x
奈良 (30)	3	28	1	x	1	x	-	-
和歌山 (31)	4	73	4	73	4	73	-	-
鳥取 (32)	1	x	1	x	1	x	-	-
島根 (33)	5	47	5	41	5	41	-	-
岡山 (34)	9	201	9	201	9	201	-	-
広島 (35)	15	1,869	11	195	11	x	1	x
山口 (36)	7	210	6	x	6	x	1	x
徳島 (37)	12	105	12	95	12	95	-	-
香川 (38)	2	x	2	x	2	x	-	-
愛媛 (39)	14	580	11	449	11	449	-	-
高知 (40)	12	290	10	x	10	x	-	-
福岡 (41)	7	270	7	253	7	253	-	-
佐賀 (42)	3	160	3	x	3	x	-	-
長崎 (43)	2	x	2	x	2	x	-	-
熊本 (44)	11	417	11	x	11	x	-	-
大分 (45)	15	513	15	513	15	513	-	-
宮崎 (46)	36	1,428	35	1,428	35	1,417	7	11
鹿児島 (47)	9	117	9	117	9	117	-	-
沖縄 (48)	-	-	-	-	-	-	-	-

輸入材												
小計		南洋材		米材		北洋材		ニュージーランド材		その他		
工場数	入荷量	工場数	入荷量	工場数	入荷量	工場数	入荷量	工場数	入荷量	工場数	入荷量	
工場	千m^3	工場	千m^3	工場	千m^3	工場	千m^3	工場	千m^3	工場	千m^3	
106	**3,529**	**9**	**3**	**86**	**2,927**	**18**	**190**	**8**	**277**	**17**	**132**	(1)
10	36	–	–	10	36	–	–	–	–	–	–	(2)
1	x	–	–	1	x	–	–	–	–	–	–	(3)
2	x	–	–	2	x	–	–	–	–	–	–	(4)
–	–	–	–	–	–	–	–	–	–	–	–	(5)
4	x	–	–	4	x	–	–	–	–	4	x	(6)
4	1	–	–	4	1	–	–	–	–	–	–	(7)
3	32	–	–	3	x	–	–	–	–	1	x	(8)
1	x	–	–	1	x	–	–	–	–	–	–	(9)
2	x	–	–	2	x	1	x	–	–	–	–	(10)
1	x	–	–	1	x	–	–	–	–	–	–	(11)
2	x	–	–	2	x	–	–	–	–	–	–	(12)
1	x	1	x	1	x	1	x	–	–	–	–	(13)
–	–	–	–	–	–	–	–	–	–	–	–	(14)
–	–	–	–	–	–	–	–	–	–	–	–	(15)
4	x	–	–	2	x	2	x	–	–	–	–	(16)
7	x	–	–	–	–	7	x	–	–	–	–	(17)
–	–	–	–	–	–	–	–	–	–	–	–	(18)
–	–	–	–	–	–	–	–	–	–	–	–	(19)
–	–	–	–	–	–	–	–	–	–	–	–	(20)
7	1	–	–	7	1	–	–	–	–	–	–	(21)
1	x	–	–	1	x	1	x	–	–	1	x	(22)
7	10	–	–	7	10	–	–	–	–	–	–	(23)
–	–	–	–	–	–	–	–	–	–	–	–	(24)
2	x	–	–	2	x	–	–	–	–	1	x	(25)
1	x	–	–	1	x	–	–	1	x	1	x	(26)
6	x	–	–	2	x	4	26	–	–	2	x	(27)
1	x	–	–	1	x	–	–	–	–	–	–	(28)
3	4	2	x	3	x	–	–	–	–	2	x	(29)
2	x	–	–	2	x	–	–	–	–	–	–	(30)
–	–	–	–	–	–	–	–	–	–	–	–	(31)
–	–	–	–	–	–	–	–	–	–	–	–	(32)
3	6	3	2	2	x	–	–	1	x	–	–	(33)
–	–	–	–	–	–	–	–	–	–	–	–	(34)
11	1,674	1	x	8	1,496	1	x	3	170	–	–	(35)
2	x	–	–	2	x	–	–	–	–	–	–	(36)
4	10	–	–	4	10	–	–	–	–	–	–	(37)
2	x	2	x	2	x	–	–	–	–	2	x	(38)
5	131	–	–	5	x	1	x	–	–	–	–	(39)
2	x	–	–	–	–	–	–	2	x	–	–	(40)
3	17	–	–	3	8	–	–	–	–	3	9	(41)
1	x	–	–	1	x	–	–	–	–	–	–	(42)
–	–	–	–	–	–	–	–	–	–	–	–	(43)
1	x	–	–	–	–	–	–	1	x	–	–	(44)
–	–	–	–	–	–	–	–	–	–	–	–	(45)
–	–	–	–	–	–	–	–	–	–	–	–	(46)
–	–	–	–	–	–	–	–	–	–	–	–	(47)
–	–	–	–	–	–	–	–	–	–	–	–	(48)

エ　製材用素材の国産材・輸入材入荷割合別入荷工場数及び入荷量

全国・都道府県	合計				国産材のみ		国産			
							計			
	工場数	入荷量			工場数	入荷量	工場数	入荷量		
		小計	国産材	輸入材				小計	国産材	輸入材
	工場	千m^3	千m^3	千m^3	工場	千m^3	工場	千m^3	千m^3	千m^3
全　国 (1)	**4,551**	**16,672**	**12,563**	**4,109**	**3,521**	**11,628**	**792**	**2,726**	**935**	**1,791**
北海道 (2)	176	1,792	1,756	36	162	1,612	14	180	144	36
青　森 (3)	80	x	x	x	66	x	14	7	x	x
岩　手 (4)	125	606	x	x	106	558	19	48	x	x
宮　城 (5)	84	x	x	x	56	x	27	8	6	2
秋　田 (6)	101	514	x	x	81	469	20	45	x	x
山　形 (7)	107	279	277	2	87	256	20	23	21	2
福　島 (8)	161	673	607	66	112	586	21	23	21	2
茨　城 (9)	102	1,274	238	1,036	91	235	8	6	3	3
栃　木 (10)	115	468	451	17	105	446	4	9	5	4
群　馬 (11)	86	129	126	3	69	112	17	17	14	3
埼　玉 (12)	54	51	50	1	50	x	2	x	x	x
千　葉 (13)	101	x	x	x	91	x	6	21	x	x
東　京 (14)	23	x	x	x	16	x	6	3	2	1
神奈川 (15)	22	9	x	x	20	7	1	x	x	x
新　潟 (16)	170	107	x	x	129	67	35	9	x	x
富　山 (17)	68	209	x	x	41	13	17	76	x	x
石　川 (18)	67	58	x	x	32	48	32	9	x	x
福　井 (19)	116	x	x	x	69	x	47	34	x	x
山　梨 (20)	24	x	x	x	22	x	1	x	x	x
長　野 (21)	138	147	133	14	102	121	35	x	12	x
岐　阜 (22)	202	259	235	24	181	213	10	32	22	10
静　岡 (23)	189	217	184	33	134	161	44	37	23	14
愛　知 (24)	112	112	70	42	71	51	17	52	19	33
三　重 (25)	204	264	177	87	182	171	14	10	6	4
滋　賀 (26)	91	31	25	6	66	x	24	18	x	x
京　都 (27)	61	129	x	x	33	x	26	86	19	67
大　阪 (28)	37	13	4	9	11	3	18	3	1	2
兵　庫 (29)	102	170	134	36	78	121	18	23	13	10
奈　良 (30)	169	187	144	43	145	132	12	16	12	4
和歌山 (31)	105	207	171	36	81	167	17	12	4	8
鳥　取 (32)	43	x	x	x	30	x	13	6	x	x
島　根 (33)	80	100	78	22	47	55	33	45	23	22
岡　山 (34)	73	304	301	3	66	294	7	10	7	3
広　島 (35)	76	1,890	206	1,684	40	53	19	1,478	153	1,325
山　口 (36)	64	244	133	111	32	x	30	29	x	x
徳　島 (37)	94	217	x	x	52	166	31	45	x	x
香　川 (38)	27	50	7	43	2	x	5	42	x	x
愛　媛 (39)	96	742	584	158	71	549	21	62	35	27
高　知 (40)	86	437	276	161	70	271	11	12	5	7
福　岡 (41)	108	461	441	20	88	440	12	20	1	19
佐　賀 (42)	49	191	188	3	45	181	4	10	7	3
長　崎 (43)	50	41	37	4	36	32	14	9	5	4
熊　本 (44)	134	716	x	x	113	684	21	32	x	x
大　分 (45)	125	793	787	6	117	763	8	30	24	6
宮　崎 (46)	141	1,760	x	x	113	1,685	14	62	x	x
鹿児島 (47)	110	x	x	x	108	x	2	x	x	x
沖　縄 (48)	3	x	x	x	2	x	1	x	x	x

注：1年間に入荷のあった製材工場数及び入荷量である。

材と輸入材								輸入材のみ		
国産材が50％以上				輸入材が50％以上				工場数	入荷量	
工場数	入荷量			工場数	入荷量					
	小計	国産材	輸入材		小計	国産材	輸入材			
工場	千m^3	千m^3	千m^3	工場	千m^3	千m^3	千m^3	工場	千m^3	
540	**820**	**700**	**120**	**252**	**1,906**	**235**	**1,671**	**238**	**2,318**	(1)
13	x	x	x	1	x	x	x	－	－	(2)
8	7	6	1	6	0	x	x	－	－	(3)
9	40	37	3	10	8	x	x	－	－	(4)
22	7	6	1	5	1	0	1	1	x	(5)
16	36	26	10	4	9	x	x	－	－	(6)
20	23	21	2	－	－	－	－	－	－	(7)
21	23	21	2	－	－	－	－	28	64	(8)
5	2	2	0	3	4	1	3	3	1,033	(9)
4	9	5	4	－	－	－	－	6	13	(10)
15	x	x	x	2	x	x	x	－	－	(11)
－	－	－	－	2	x	x	x	2	x	(12)
3	9	8	1	3	12	x	x	4	9	(13)
5	x	x	x	1	x	x	x	1	x	(14)
－	－	－	－	1	x	x	x	1	x	(15)
28	9	x	x	7	0	0	0	6	31	(16)
13	75	69	6	4	1	x	x	10	120	(17)
18	7	5	2	14	2	x	x	3	1	(18)
38	28	20	8	9	6	x	x	－	－	(19)
1	x	x	x	－	－	－	－	1	x	(20)
11	13	10	3	24	x	2	x	1	x	(21)
5	21	18	3	5	11	4	7	11	14	(22)
35	24	18	6	9	13	5	8	11	19	(23)
5	15	13	2	12	37	6	31	24	9	(24)
10	7	6	1	4	3	0	3	8	83	(25)
22	x	11	x	2	x	x	x	1	x	(26)
11	9	7	2	15	77	12	65	2	x	(27)
8	1	1	0	10	2	0	2	8	7	(28)
7	17	12	5	11	6	1	5	6	26	(29)
11	x	x	x	1	x	x	x	12	39	(30)
8	5	3	2	9	7	1	6	7	28	(31)
13	6	x	x	－	－	－	－	－	－	(32)
23	19	16	3	10	26	7	19	－	－	(33)
2	x	x	x	5	x	x	x	－	－	(34)
5	1	1	0	14	1,477	152	1,325	17	359	(35)
23	28	22	6	7	1	x	x	2	x	(36)
25	8	x	x	6	37	10	27	11	6	(37)
3	x	4	x	2	x	x	x	20	x	(38)
13	49	33	16	8	13	2	11	4	131	(39)
6	5	5	0	5	7	0	7	5	154	(40)
4	2	1	1	8	18	0	18	8	1	(41)
3	x	x	x	1	x	x	x	－	－	(42)
11	4	3	1	3	5	2	3	－	－	(43)
14	8	x	x	7	24	7	17	－	－	(44)
7	x	x	x	1	x	x	x	－	－	(45)
14	62	x	x	－	－	－	－	14	13	(46)
2	x	x	x	－	－	－	－	－	－	(47)
－	－	－	－	1	x	x	x	－	－	(48)

オ　製材用動力の出力階層別、製材用素材消費工場数及び消費量

全　国・都道府県	計			7.5　～　75.0kW 未満			75.0　～　300.0		
	工場数	消費量	賃びきによるもの	工場数	消費量	賃びきによるもの	工場数	消費量	賃びきによるもの
	工場	千m^3	千m^3	工場	千m^3	千m^3	工場	千m^3	千m^3
全　国 (1)	**4,582**	**16,645**	**295**	**2,750**	**965**	**66**	**1,405**	**3,528**	**158**
北海道 (2)	176	1,809	28	18	10	1	83	318	7
青　森 (3)	80	173	2	42	11	0	28	49	2
岩　手 (4)	125	629	5	62	38	2	43	75	3
宮　城 (5)	84	202	3	56	13	3	17	39	0
秋　田 (6)	101	507	2	42	53	2	40	75	0
山　形 (7)	107	267	2	70	12	1	27	30	1
福　島 (8)	161	685	14	105	29	4	44	148	9
茨　城 (9)	102	1,264	23	66	13	1	32	108	22
栃　木 (10)	115	451	16	74	19	6	29	81	10
群　馬 (11)	86	129	4	42	17	2	35	41	2
埼　玉 (12)	54	50	0	39	10	0	12	13	0
千　葉 (13)	101	45	x	76	x	x	24	25	1
東　京 (14)	23	13	0	16	3	−	7	10	0
神奈川 (15)	23	10	0	20	3	0	3	7	−
新　潟 (16)	185	105	4	142	24	4	35	42	0
富　山 (17)	68	208	8	37	7	1	24	34	0
石　川 (18)	72	57	7	51	13	2	17	15	2
福　井 (19)	116	59	1	86	x	x	28	37	0
山　梨 (20)	24	20	0	13	1	0	8	16	−
長　野 (21)	138	151	1	82	23	0	46	58	1
岐　阜 (22)	212	256	8	158	34	3	46	104	3
静　岡 (23)	189	216	41	126	47	5	52	99	23
愛　知 (24)	112	111	43	74	x	x	37	79	x
三　重 (25)	204	246	6	142	52	3	58	107	3
滋　賀 (26)	91	30	3	68	18	1	21	x	x
京　都 (27)	61	131	−	39	7	−	16	21	−
大　阪 (28)	37	13	x	23	x	x	13	5	x
兵　庫 (29)	102	167	0	60	12	0	35	57	0
奈　良 (30)	169	192	0	129	56	−	37	106	0
和歌山 (31)	105	205	1	66	32	0	35	99	1
鳥　取 (32)	43	44	0	29	x	−	13	25	0
島　根 (33)	80	98	0	46	8	0	29	45	0
岡　山 (34)	73	303	4	36	24	1	28	78	3
広　島 (35)	76	1,885	1	44	12	0	17	9	−
山　口 (36)	64	238	1	38	13	0	19	28	1
徳　島 (37)	94	219	0	48	24	−	34	89	0
香　川 (38)	27	53	−	11	x	−	14	11	−
愛　媛 (39)	96	736	14	40	7	0	42	143	14
高　知 (40)	86	433	10	38	11	−	36	135	10
福　岡 (41)	108	461	3	74	41	3	27	150	−
佐　賀 (42)	49	189	0	37	16	0	9	13	0
長　崎 (43)	50	41	13	33	x	x	15	19	1
熊　本 (44)	134	726	4	71	55	4	52	249	0
大　分 (45)	125	778	1	69	52	0	41	239	1
宮　崎 (46)	141	1,774	17	42	46	4	63	277	2
鹿児島 (47)	110	265	3	69	35	3	32	113	0
沖　縄 (48)	3	1	−	1	x	−	2	x	−

注：1年間に素材消費のあった製材工場数及び消費量である。

300.0kW 以上			1,000.0kW以上			
工場数	消費量	賃びきによるもの	工場数	消費量	賃びきによるもの	
工場	千m^3	千m^3	工場	千m^3	千m^3	
427	**12,152**	**71**	**71**	**6,943**	**8**	(1)
75	1,481	20	8	…	…	(2)
10	113	−	1	…	…	(3)
20	516	−	3	…	…	(4)
11	150	0	1	…	…	(5)
19	379	−	4	…	…	(6)
10	225	0	2	…	…	(7)
12	508	1	2	…	…	(8)
4	1,143	−	2	…	…	(9)
12	351	−	2	…	…	(10)
9	71	−	1	…	…	(11)
3	27	−	−	−	−	(12)
1	x	−	−	−	−	(13)
−	−	−	−	−	−	(14)
−	−	−	−	−	−	(15)
8	39	0	−	−	−	(16)
7	167	7	1	…	…	(17)
4	29	3	1	…	…	(18)
2	x	x	−	−	−	(19)
3	3	−	−	−	−	(20)
10	70	−	1	…	…	(21)
8	118	2	2	…	…	(22)
11	70	13	1	…	…	(23)
1	x	−	1	…	…	(24)
4	87	−	1	…	…	(25)
2	x	x	−	−	−	(26)
6	103	−	2	…	…	(27)
1	x	−	−	−	−	(28)
7	98	−	1	…	…	(29)
3	30	−	−	−	−	(30)
4	74	−	2	…	…	(31)
1	x	−	1	…	…	(32)
5	45	−	−	−	−	(33)
9	201	−	2	…	…	(34)
15	1,864	1	5	…	…	(35)
7	197	−	2	…	…	(36)
12	106	−	1	…	…	(37)
2	x	−	−	−	−	(38)
14	586	−	3	…	…	(39)
12	287	0	4	…	…	(40)
7	270	−	−	−	−	(41)
3	160	0	1	…	…	(42)
2	x	x	−	−	−	(43)
11	422	0	1	…	…	(44)
15	487	−	2	…	…	(45)
36	1,451	11	9	…	…	(46)
9	117	−	1	…	…	(47)
−	−	−	−	−	−	(48)

カ　製材用動力の出力階層別、用途別製材品出荷工場数及び出荷量

(ア)　合計

全国・都道府県	計		建築用材							
			小計		板類		ひき割類		ひき角類	
	工場数	出荷量	工場数	出荷量	工場数	出荷量	工場数	出荷量	工場数	出荷量
	工場	千m^3	工場	千m^3	工場	千m^3	工場	千m^3	工場	千m^3
全国 (1)	**4,577**	**9,202**	**4,010**	**7,468**	**3,394**	**1,674**	**3,212**	**2,876**	**3,320**	**2,918**
北海道 (2)	176	873	127	362	108	120	101	202	76	40
青森 (3)	80	82	70	36	70	x	64	14	69	x
岩手 (4)	125	306	122	271	106	81	101	159	91	31
宮城 (5)	84	95	84	90	72	12	78	39	70	39
秋田 (6)	101	245	94	220	94	87	70	98	58	35
山形 (7)	107	127	105	123	88	85	96	26	69	12
福島 (8)	161	379	158	301	117	48	121	177	120	76
茨城 (9)	102	728	95	716	88	50	74	208	88	458
栃木 (10)	115	269	95	243	83	66	69	53	64	124
群馬 (11)	86	73	57	39	51	21	48	5	45	13
埼玉 (12)	54	30	53	27	51	10	43	3	49	14
千葉 (13)	101	31	89	25	60	3	49	15	77	7
東京 (14)	23	8	22	x	18	x	19	x	17	x
神奈川 (15)	23	6	18	5	16	1	18	1	18	3
新潟 (16)	185	73	167	68	156	11	160	29	152	28
富山 (17)	68	147	62	141	55	8	39	128	41	5
石川 (18)	72	34	69	28	43	13	43	5	64	10
福井 (19)	116	36	116	32	102	5	82	11	102	16
山梨 (20)	24	15	18	4	18	2	18	1	18	1
長野 (21)	138	96	104	51	100	26	92	7	101	18
岐阜 (22)	207	145	179	125	126	38	133	33	131	54
静岡 (23)	189	128	158	92	142	17	120	28	133	47
愛知 (24)	112	69	78	41	65	15	59	9	54	17
三重 (25)	204	160	167	143	150	26	149	50	139	67
滋賀 (26)	91	23	85	8	69	2	73	2	77	4
京都 (27)	61	95	51	92	50	43	40	36	36	13
大阪 (28)	37	8	31	6	31	3	26	1	27	2
兵庫 (29)	102	98	83	67	82	28	66	13	66	26
奈良 (30)	169	115	151	101	109	26	110	51	124	24
和歌山 (31)	105	131	97	102	82	23	77	37	77	42
鳥取 (32)	43	24	41	19	39	4	40	5	40	10
島根 (33)	80	61	72	35	61	11	48	11	67	13
岡山 (34)	73	160	68	147	49	35	58	29	63	83
広島 (35)	76	1,058	58	909	48	17	42	314	42	578
山口 (36)	64	134	47	109	43	11	36	44	40	54
徳島 (37)	94	129	93	125	74	46	74	57	75	22
香川 (38)	27	39	25	33	15	12	21	19	23	2
愛媛 (39)	96	398	76	350	70	71	65	111	72	168
高知 (40)	86	234	81	131	78	46	72	29	73	56
福岡 (41)	108	257	93	231	74	97	88	89	81	45
佐賀 (42)	49	110	47	90	19	77	37	3	46	10
長崎 (43)	50	23	45	18	38	5	36	5	39	8
熊本 (44)	134	400	131	367	111	99	100	115	123	153
大分 (45)	125	434	124	398	99	66	87	151	94	181
宮崎 (46)	141	973	112	811	92	149	100	417	103	245
鹿児島 (47)	110	142	91	130	81	44	69	35	85	51
沖縄 (48)	3	1	1	x	1	x	1	x	1	x

注：1年間に出荷のあった製材工場数及び出荷量である（以下キ(イ)まで同じ。）。
　　工場数は複数の製材品を出荷している工場があるため、計と内訳は一致しない（以下キ(イ)まで同じ。）。

土木建設用材		木箱仕組板・こん包用材		家具建具用材		その他用材		
工場数	出荷量	工場数	出荷量	工場数	出荷量	工場数	出荷量	
工場	千m^3	工場	千m^3	工場	千m^3	工場	千m^3	
1,150	**376**	**766**	**1,125**	**375**	**61**	**492**	**172**	(1)
72	36	103	409	13	10	54	56	(2)
27	2	6	43	12	0	20	1	(3)
37	x	24	12	11	x	14	12	(4)
36	x	7	0	7	x	15	0	(5)
23	6	18	3	22	9	24	7	(6)
23	x	2	x	−	−	−	−	(7)
67	35	25	41	17	1	18	1	(8)
14	0	14	12	5	0	5	0	(9)
9	20	18	x	13	x	4	3	(10)
39	25	13	8	7	x	12	x	(11)
16	x	9	0	−	−	2	x	(12)
9	x	5	x	−	−	2	x	(13)
5	x	1	x	1	x	6	x	(14)
−	−	5	x	6	0	2	x	(15)
38	2	8	x	23	2	8	x	(16)
24	0	6	6	12	0	6	0	(17)
17	2	2	x	1	x	4	1	(18)
35	2	13	1	8	0	6	1	(19)
6	8	6	x	1	x	4	x	(20)
54	33	18	10	10	1	8	1	(21)
33	8	19	3	19	3	23	6	(22)
54	5	67	20	21	1	15	10	(23)
47	6	23	6	13	11	23	5	(24)
17	4	38	9	9	2	7	2	(25)
25	x	15	14	9	x	13	0	(26)
22	1	11	2	5	0	−	−	(27)
1	x	1	x	8	x	6	x	(28)
33	x	42	12	14	x	19	16	(29)
12	1	22	13	8	0	11	0	(30)
40	8	18	19	12	1	18	1	(31)
17	x	1	x	4	0	−	−	(32)
25	2	15	20	4	2	8	2	(33)
22	2	22	6	8	5	−	−	(34)
9	4	30	144	4	x	8	x	(35)
17	7	15	17	5	x	11	x	(36)
15	x	3	3	−	−	12	x	(37)
4	x	7	5	−	−	4	x	(38)
21	4	20	44	11	0	4	0	(39)
20	x	10	98	7	4	9	x	(40)
41	13	6	9	3	1	5	3	(41)
5	x	−	−	−	−	12	x	(42)
9	0	3	3	2	x	9	x	(43)
14	10	3	17	6	x	11	x	(44)
34	19	8	13	9	1	7	3	(45)
31	49	51	86	6	3	30	24	(46)
29	3	13	6	17	1	13	2	(47)
2	x	−	−	2	x	−	−	(48)

カ　製材用動力の出力階層別、用途別製材品出荷工場数及び出荷量（続き）

(ｲ)　7.5～75.0kW未満

全国・都道府県	計		建築用材							
			小計		板類		ひき割類		ひき角類	
	工場数	出荷量	工場数	出荷量	工場数	出荷量	工場数	出荷量	工場数	出荷量
	工場	千m^3	工場	千m^3	工場	千m^3	工場	千m^3	工場	千m^3
全国 (1)	**2,746**	**636**	**2,430**	**517**	**2,025**	**187**	**1,856**	**146**	**2,022**	**184**
北海道 (2)	18	6	12	5	12	3	6	2	－	－
青森 (3)	42	5	35	x	35	x	29	3	35	x
岩手 (4)	62	22	62	20	57	8	45	4	45	8
宮城 (5)	56	7	56	5	46	1	51	2	56	2
秋田 (6)	42	42	42	40	42	31	27	5	27	4
山形 (7)	70	8	69	x	52	3	61	3	45	x
福島 (8)	105	23	105	x	74	x	74	12	74	4
茨城 (9)	66	9	66	9	59	7	66	1	66	1
栃木 (10)	74	13	54	8	42	1	32	5	27	2
群馬 (11)	42	12	22	3	16	3	15	0	11	0
埼玉 (12)	39	6	39	x	37	2	29	x	35	3
千葉 (13)	76	x	66	x	38	1	29	x	55	3
東京 (14)	16	2	15	x	11	x	14	x	11	x
神奈川 (15)	20	2	16	x	14	x	16	x	16	x
新潟 (16)	142	16	129	15	127	5	129	4	115	6
富山 (17)	37	5	36	5	35	4	19	0	29	1
石川 (18)	51	8	51	x	25	x	27	x	47	4
福井 (19)	86	x	86	x	72	x	52	x	72	x
山梨 (20)	13	1	13	1	13	x	13	x	13	0
長野 (21)	82	18	55	6	55	2	55	2	55	2
岐阜 (22)	154	22	132	17	92	10	97	3	96	4
静岡 (23)	126	31	98	20	91	6	68	7	79	7
愛知 (24)	74	x	44	x	38	x	37	x	29	x
三重 (25)	142	33	120	x	112	9	104	9	101	x
滋賀 (26)	68	13	63	5	47	1	52	1	55	3
京都 (27)	39	4	29	x	29	1	19	0	23	x
大阪 (28)	23	x	22	x	22	x	22	0	21	1
兵庫 (29)	60	9	58	7	58	4	46	1	46	2
奈良 (30)	129	41	119	x	89	x	77	22	96	x
和歌山 (31)	66	22	61	14	49	4	49	5	49	5
鳥取 (32)	29	x	28	x	27	x	27	x	27	x
島根 (33)	46	5	40	3	29	1	18	1	36	1
岡山 (34)	36	10	31	x	21	4	21	x	24	4
広島 (35)	44	5	28	4	24	0	17	1	20	3
山口 (36)	38	6	26	4	26	1	18	1	22	2
徳島 (37)	48	16	48	x	37	4	37	5	48	x
香川 (38)	11	x	10	x	10	0	8	x	10	x
愛媛 (39)	40	6	26	5	20	2	22	1	23	2
高知 (40)	38	7	38	x	38	x	38	2	38	3
福岡 (41)	74	30	68	27	55	5	68	12	61	10
佐賀 (42)	37	x	37	x	12	0	27	0	37	x
長崎 (43)	33	x	29	x	27	x	20	x	23	x
熊本 (44)	71	35	71	x	54	x	46	x	64	x
大分 (45)	69	33	69	32	54	14	38	6	54	12
宮崎 (46)	42	30	42	30	42	11	42	8	42	11
鹿児島 (47)	69	23	63	x	59	3	48	x	63	11
沖縄 (48)	1	x	1	x	1	x	1	x	1	x

土木建設用材		木箱仕組板・こん包用材		家具建具用材		その他用材		
工場数	出荷量	工場数	出荷量	工場数	出荷量	工場数	出荷量	
工場	千m^3	工場	千m^3	工場	千m^3	工場	千m^3	
518	**43**	**306**	**60**	**164**	**6**	**193**	**10**	(1)
−	−	6	x	−	−	12	x	(2)
13	x	−	−	6	0	13	0	(3)
9	x	8	x	5	0	−	−	(4)
22	2	−	−	5	0	10	0	(5)
9	0	4	x	4	0	4	x	(6)
13	0	2	x	−	−	−	−	(7)
25	0	6	x	−	−	6	0	(8)
14	0	7	0	5	0	5	0	(9)
−	−	18	x	12	x	3	x	(10)
18	9	−	−	−	−	9	0	(11)
10	0	−	−	−	−	2	x	(12)
9	x	−	−	−	−	1	x	(13)
1	x	1	x	−	−	−	−	(14)
−	−	4	0	6	0	1	x	(15)
31	0	6	x	19	x	6	x	(16)
18	0	−	−	6	0	−	−	(17)
7	x	−	−	−	−	−	−	(18)
15	x	6	1	−	−	−	−	(19)
−	−	−	−	−	−	−	−	(20)
22	6	8	6	−	−	−	−	(21)
24	x	12	x	14	2	17	2	(22)
31	1	48	9	6	1	7	0	(23)
29	3	20	3	10	1	15	x	(24)
5	x	24	2	5	x	5	x	(25)
8	x	9	7	9	x	8	0	(26)
15	0	10	x	5	0	−	−	(27)
−	−	−	−	4	0	4	0	(28)
−	−	15	x	6	x	−	−	(29)
9	x	14	7	3	0	6	0	(30)
25	1	5	6	3	0	9	1	(31)
4	0	−	−	4	0	−	−	(32)
7	x	12	1	−	−	2	x	(33)
2	x	2	x	2	x	−	−	(34)
4	0	9	x	2	x	3	0	(35)
7	1	7	x	−	−	4	x	(36)
11	0	−	−	−	−	11	x	(37)
2	x	2	x	−	−	−	−	(38)
4	0	7	1	7	0	−	−	(39)
2	x	−	−	−	−	1	x	(40)
31	3	−	−	−	−	−	−	(41)
2	x	−	−	−	−	12	x	(42)
4	0	−	−	−	−	4	0	(43)
2	x	−	−	−	−	−	−	(44)
11	x	−	−	5	0	5	x	(45)
23	0	23	0	−	−	−	−	(46)
20	2	11	x	11	x	8	1	(47)
−	−	−	−	−	−	−	−	(48)

カ　製材用動力の出力階層別、用途別製材品出荷工場数及び出荷量（続き）

(ウ)　75.0～300.0kW

全国・都道府県	計		建築用材							
			小計		板類		ひき割類		ひき角類	
	工場数	出荷量	工場数	出荷量	工場数	出荷量	工場数	出荷量	工場数	出荷量
	工場	千m^3	工場	千m^3	工場	千m^3	工場	千m^3	工場	千m^3
全国 (1)	**1,404**	**2,087**	**1,204**	**1,554**	**1,048**	**440**	**1,030**	**507**	**1,015**	**607**
北海道 (2)	83	170	61	106	53	30	51	54	49	22
青森 (3)	28	25	26	x	26	x	26	7	25	6
岩手 (4)	43	46	43	35	36	7	43	18	37	10
宮城 (5)	17	21	17	19	16	4	16	8	7	7
秋田 (6)	40	39	36	27	36	12	27	12	18	3
山形 (7)	27	18	27	14	27	8	27	5	16	1
福島 (8)	44	87	42	x	33	x	38	23	36	18
茨城 (9)	32	64	25	52	25	14	4	9	18	29
栃木 (10)	29	47	29	45	29	13	28	9	27	23
群馬 (11)	35	26	30	13	30	5	29	3	30	5
埼玉 (12)	12	8	11	5	11	2	11	1	11	2
千葉 (13)	24	17	22	15	22	2	19	9	22	4
東京 (14)	7	6	7	5	7	3	5	1	6	1
神奈川 (15)	3	4	2	x	2	x	2	x	2	x
新潟 (16)	35	29	30	25	22	4	23	14	30	7
富山 (17)	24	22	19	16	15	1	13	12	9	3
石川 (18)	17	10	14	x	16	4	14	x	13	2
福井 (19)	28	24	28	22	28	4	28	5	28	13
山梨 (20)	8	13	2	x	2	x	2	x	2	x
長野 (21)	46	36	39	19	35	5	30	4	39	10
岐阜 (22)	45	58	39	51	26	14	28	13	27	24
静岡 (23)	52	55	50	45	44	8	43	15	47	22
愛知 (24)	37	49	33	29	26	9	21	7	24	13
三重 (25)	58	69	43	57	35	14	41	13	36	30
滋賀 (26)	21	x	21	x	21	x	20	x	21	x
京都 (27)	16	12	16	11	16	3	16	6	11	2
大阪 (28)	13	4	8	3	8	1	4	1	6	1
兵庫 (29)	35	42	19	22	18	6	15	10	14	6
奈良 (30)	37	56	30	53	18	19	31	x	26	x
和歌山 (31)	35	76	32	55	29	14	24	25	24	16
鳥取 (32)	13	14	12	9	11	2	12	2	12	5
島根 (33)	29	30	27	18	27	4	26	3	27	11
岡山 (34)	28	44	28	x	21	13	29	x	28	18
広島 (35)	17	4	19	3	17	0	16	2	14	1
山口 (36)	19	19	15	6	11	2	15	2	15	2
徳島 (37)	34	54	34	50	28	17	28	24	23	9
香川 (38)	14	7	13	2	3	x	11	1	13	x
愛媛 (39)	42	87	36	60	36	19	30	15	35	26
高知 (40)	36	83	33	x	30	x	25	9	26	20
福岡 (41)	27	97	18	88	15	65	16	20	14	3
佐賀 (42)	9	x	7	7	4	1	7	3	6	3
長崎 (43)	15	12	14	9	9	3	14	2	14	4
熊本 (44)	52	139	49	124	46	x	43	x	50	78
大分 (45)	41	123	41	111	34	26	35	28	26	57
宮崎 (46)	63	163	38	101	30	23	32	31	35	47
鹿児島 (47)	32	64	19	58	14	15	12	19	16	24
沖縄 (48)	2	x	-	-	-	-	-	-	-	-

土木建設用材		木箱仕組板・こん包用材		家具建具用材		その他用材		
工場数	出荷量	工場数	出荷量	工場数	出荷量	工場数	出荷量	
工場	千m^3	工場	千m^3	工場	千m^3	工場	千m^3	
491	**123**	**329**	**309**	**172**	**39**	**231**	**62**	(1)
43	14	41	x	12	x	17	x	(2)
10	1	3	4	6	0	6	x	(3)
21	x	10	5	6	x	12	x	(4)
10	2	7	0	−	−	5	0	(5)
9	x	12	x	12	5	14	5	(6)
8	4	−	−	−	−	−	−	(7)
28	5	14	22	15	x	6	x	(8)
−	−	7	12	−	−	−	−	(9)
6	x	−	−	−	−	1	x	(10)
12	6	11	x	6	x	2	x	(11)
5	3	9	0	−	−	−	−	(12)
−	−	5	x	−	−	1	x	(13)
4	0	−	−	1	x	6	x	(14)
−	−	1	x	−	−	1	x	(15)
5	x	2	x	4	x	−	−	(16)
6	0	6	6	6	0	6	0	(17)
8	x	−	−	−	−	3	x	(18)
19	1	7	0	8	0	6	1	(19)
4	x	5	x	−	−	3	0	(20)
26	13	7	x	10	1	7	x	(21)
7	2	7	x	4	x	5	x	(22)
20	2	12	7	7	0	3	1	(23)
18	3	2	x	3	10	8	x	(24)
11	1	14	7	4	x	2	x	(25)
16	0	4	x	−	−	5	0	(26)
6	x	1	x	−	−	−	−	(27)
1	x	1	x	3	0	2	x	(28)
27	2	26	10	8	x	17	x	(29)
3	x	6	x	5	0	5	0	(30)
15	7	13	13	9	1	9	0	(31)
13	x	1	x	−	−	−	−	(32)
13	x	1	x	4	2	3	x	(33)
18	x	17	4	5	2	−	−	(34)
2	x	16	x	1	x	4	x	(35)
8	x	6	13	4	x	7	0	(36)
3	x	3	3	−	−	1	x	(37)
2	x	5	x	−	−	2	x	(38)
11	1	9	26	4	0	4	0	(39)
12	0	8	x	6	x	8	0	(40)
9	x	5	x	3	1	5	3	(41)
2	x	−	−	−	−	−	−	(42)
5	0	1	x	−	−	5	x	(43)
12	x	2	x	6	x	11	x	(44)
19	9	2	x	2	x	2	x	(45)
5	8	18	46	−	−	22	8	(46)
7	x	2	x	6	x	5	1	(47)
2	x	−	−	2	x	−	−	(48)

カ　製材用動力の出力階層別、用途別製材品出荷工場数及び出荷量（続き）
(ｴ)　300.0kW以上

全国・都道府県	計		建築用材							
			小計		板類		ひき割類		ひき角類	
	工場数	出荷量	工場数	出荷量	工場数	出荷量	工場数	出荷量	工場数	出荷量
	工場	千m^3	工場	千m^3	工場	千m^3	工場	千m^3	工場	千m^3
全国 (1)	**427**	**6,479**	**376**	**5,397**	**321**	**1,047**	**326**	**2,223**	**283**	**2,127**
北海道 (2)	75	697	54	251	43	87	44	146	27	18
青森 (3)	10	52	9	12	9	4	9	4	9	4
岩手 (4)	20	238	17	216	13	66	13	137	9	13
宮城 (5)	11	67	11	66	10	7	11	29	7	30
秋田 (6)	19	164	16	153	16	44	16	81	13	28
山形 (7)	10	101	9	x	9	74	8	18	8	x
福島 (8)	12	269	11	220	10	24	9	142	10	54
茨城 (9)	4	655	4	655	4	29	4	198	4	428
栃木 (10)	12	209	12	190	12	52	9	39	10	99
群馬 (11)	9	35	5	23	5	13	4	2	4	8
埼玉 (12)	3	16	3	x	3	6	3	x	3	9
千葉 (13)	1	x	1	x	－	－	1	x	－	－
東京 (14)	－	－	－	－	－	－	－	－	－	－
神奈川 (15)	－	－	－	－	－	－	－	－	－	－
新潟 (16)	8	28	8	28	7	2	8	11	7	15
富山 (17)	7	120	7	120	5	3	7	116	3	1
石川 (18)	4	16	4	12	2	x	2	x	4	4
福井 (19)	2	x	2	x	2	x	2	x	2	x
山梨 (20)	3	1	3	x	3	x	3	0	3	x
長野 (21)	10	42	10	26	10	19	7	1	7	6
岐阜 (22)	8	65	8	57	8	14	8	17	8	26
静岡 (23)	11	42	10	27	7	3	9	6	7	18
愛知 (24)	1	x	1	x	1	x	1	x	1	x
三重 (25)	4	58	4	x	3	3	4	28	2	x
滋賀 (26)	2	x	1	x	1	x	1	x	1	x
京都 (27)	6	79	6	x	5	39	5	30	2	x
大阪 (28)	1	x	1	x	1	x	－	－	－	－
兵庫 (29)	7	47	6	38	6	18	5	2	6	18
奈良 (30)	3	18	2	x	2	x	2	x	2	x
和歌山 (31)	4	33	4	33	4	5	4	7	4	21
鳥取 (32)	1	x	1	x	1	x	1	x	1	x
島根 (33)	5	26	5	14	5	6	4	7	4	1
岡山 (34)	9	106	9	101	7	18	8	22	11	61
広島 (35)	15	1,049	11	902	7	17	9	311	8	574
山口 (36)	7	109	6	99	6	8	3	41	3	50
徳島 (37)	12	59	11	x	9	25	9	28	4	x
香川 (38)	2	x	2	x	2	x	2	x	－	－
愛媛 (39)	14	305	14	285	14	50	13	95	14	140
高知 (40)	12	144	10	88	10	37	9	18	9	33
福岡 (41)	7	130	7	116	4	27	4	57	6	32
佐賀 (42)	3	92	3	x	3	76	3	0	3	x
長崎 (43)	2	x	2	x	2	x	2	x	2	x
熊本 (44)	11	226	11	x	11	79	11	75	9	x
大分 (45)	15	278	14	255	11	26	14	117	14	112
宮崎 (46)	36	780	32	680	20	115	26	378	26	187
鹿児島 (47)	9	55	9	x	8	26	9	x	6	16
沖縄 (48)	－	－	－	－	－	－	－	－	－	－

土木建設用材		木箱仕組板・こん包用材		家具建具用材		その他用材		
工場数	出荷量	工場数	出荷量	工場数	出荷量	工場数	出荷量	
工場	千m^3	工場	千m^3	工場	千m^3	工場	千m^3	
141	**210**	**131**	**756**	**39**	**16**	**68**	**100**	(1)
29	22	56	372	1	x	25	x	(2)
4	x	3	39	–	–	1	x	(3)
7	8	6	x	–	–	2	x	(4)
4	x	–	–	2	x	–	–	(5)
5	x	2	x	6	4	6	x	(6)
2	x	–	–	–	–	–	–	(7)
14	30	5	x	2	x	6	x	(8)
–	–	–	–	–	–	–	–	(9)
3	x	–	–	1	x	–	–	(10)
9	10	2	x	1	x	1	x	(11)
1	x	–	–	–	–	–	–	(12)
–	–	–	–	–	–	–	–	(13)
–	–	–	–	–	–	–	–	(14)
–	–	–	–	–	–	–	–	(15)
2	x	–	–	–	–	2	x	(16)
–	–	–	–	–	–	–	–	(17)
2	x	2	x	1	x	1	x	(18)
1	x	–	–	–	–	–	–	(19)
2	x	1	x	1	x	1	x	(20)
6	14	3	x	–	–	1	x	(21)
2	x	–	–	1	x	1	x	(22)
3	2	7	4	8	0	5	9	(23)
–	–	1	x	–	–	–	–	(24)
1	x	–	–	–	–	–	–	(25)
1	x	2	x	–	–	–	–	(26)
1	x	–	–	–	–	–	–	(27)
–	–	–	–	1	x	–	–	(28)
6	x	1	x	–	–	2	x	(29)
–	–	2	x	–	–	–	–	(30)
–	–	–	–	–	–	–	–	(31)
–	–	–	–	–	–	–	–	(32)
5	1	2	x	–	–	3	x	(33)
2	x	3	x	1	x	–	–	(34)
3	x	5	143	1	x	1	x	(35)
2	x	2	x	1	x	–	–	(36)
1	x	–	–	–	–	–	–	(37)
–	–	–	–	–	–	2	x	(38)
6	3	4	17	–	–	–	–	(39)
6	x	2	x	1	x	–	–	(40)
1	x	1	x	–	–	–	–	(41)
1	x	–	–	–	–	–	–	(42)
–	–	2	x	2	x	–	–	(43)
–	–	1	x	–	–	–	–	(44)
4	x	6	x	2	x	–	–	(45)
3	41	10	40	6	3	8	16	(46)
2	x	–	–	–	–	–	–	(47)
–	–	–	–	–	–	–	–	(48)

キ 材種別、用途別製材品出荷工場数及び出荷量

(ｱ) 国産材

全国・都道府県	計		建築用材							
			小計		板類		ひき割類		ひき角類	
	工場数	出荷量	工場数	出荷量	工場数	出荷量	工場数	出荷量	工場数	出荷量
	工場	千m^3	工場	千m^3	工場	千m^3	工場	千m^3	工場	千m^3
全国 (1)	**4,333**	**6,722**	**3,835**	**5,355**	**3,278**	**1,544**	**3,045**	**2,036**	**3,140**	**1,775**
北海道 (2)	176	863	127	354	108	118	101	199	76	37
青森 (3)	80	81	70	x	70	11	64	14	69	x
岩手 (4)	125	300	122	x	106	80	101	x	91	28
宮城 (5)	83	90	83	x	71	x	72	37	68	38
秋田 (6)	101	232	94	211	94	x	70	98	58	x
山形 (7)	107	125	105	121	82	85	96	25	63	11
福島 (8)	133	324	130	248	117	48	99	125	108	75
茨城 (9)	99	133	94	129	87	35	73	45	87	49
栃木 (10)	109	255	95	231	83	66	69	42	58	123
群馬 (11)	86	71	57	x	51	x	48	4	45	13
埼玉 (12)	52	29	48	26	48	x	41	x	45	14
千葉 (13)	97	17	86	x	58	x	46	3	74	7
東京 (14)	22	6	21	x	17	x	19	1	17	x
神奈川 (15)	22	x	18	x	16	x	18	x	17	x
新潟 (16)	178	44	164	40	153	9	156	15	149	16
富山 (17)	58	42	52	36	50	4	28	29	38	3
石川 (18)	64	31	62	25	41	12	43	5	57	8
福井 (19)	116	29	116	x	102	5	82	x	102	10
山梨 (20)	23	x	18	x	18	2	18	x	18	x
長野 (21)	137	86	104	47	100	25	85	6	79	16
岐阜 (22)	196	129	168	113	121	36	127	24	131	53
静岡 (23)	178	107	154	84	138	16	112	25	131	43
愛知 (24)	88	42	67	30	54	11	51	6	44	13
三重 (25)	196	116	164	106	148	24	145	28	138	54
滋賀 (26)	90	18	84	8	67	2	73	2	75	4
京都 (27)	59	16	49	13	48	3	33	9	29	1
大阪 (28)	29	2	24	x	24	0	20	x	22	1
兵庫 (29)	96	68	79	53	77	25	65	4	65	24
奈良 (30)	157	91	144	83	103	23	100	39	115	21
和歌山 (31)	98	104	90	80	77	18	68	23	68	39
鳥取 (32)	43	24	39	19	35	4	39	5	38	10
島根 (33)	80	47	72	32	61	10	48	10	67	12
岡山 (34)	73	158	68	146	49	35	58	29	63	82
広島 (35)	59	111	49	67	44	15	33	34	37	18
山口 (36)	62	76	46	61	42	11	35	32	35	18
徳島 (37)	83	106	81	103	62	43	62	40	63	20
香川 (38)	7	3	4	0	4	0	−	−	4	0
愛媛 (39)	92	294	72	257	68	66	63	73	70	118
高知 (40)	81	135	81	130	78	46	72	28	73	56
福岡 (41)	100	243	89	x	71	93	83	80	75	x
佐賀 (42)	49	108	47	x	19	x	37	2	46	x
長崎 (43)	50	20	45	16	38	5	36	4	39	7
熊本 (44)	134	389	125	366	105	98	100	115	111	153
大分 (45)	125	430	124	397	99	66	87	151	94	180
宮崎 (46)	127	965	112	x	92	x	100	417	103	245
鹿児島 (47)	110	x	91	130	81	44	69	35	85	51
沖縄 (48)	3	x	1	x	1	x	−	−	−	−

土木建設用材		木箱仕組板・こん包用材		家具建具用材		その他用材		
工場数	出荷量	工場数	出荷量	工場数	出荷量	工場数	出荷量	
工場	千m^3	工場	千m^3	工場	千m^3	工場	千m^3	
1,067	**350**	**700**	**841**	**340**	**42**	**434**	**134**	(1)
72	x	103	x	13	x	54	56	(2)
27	x	6	43	12	x	20	x	(3)
37	x	24	12	11	x	14	12	(4)
35	x	7	0	7	x	15	0	(5)
23	x	18	x	18	6	20	x	(6)
23	x	2	x	–	–	–	–	(7)
54	34	17	x	15	x	18	x	(8)
14	0	14	4	5	0	5	0	(9)
3	19	18	2	7	0	4	3	(10)
39	25	13	8	7	x	12	x	(11)
16	x	9	0	–	–	2	x	(12)
9	x	5	x	–	–	2	x	(13)
5	x	1	x	1	x	5	0	(14)
–	–	4	0	6	0	2	x	(15)
37	2	8	x	21	1	8	x	(16)
24	0	6	6	6	0	6	0	(17)
17	2	2	x	1	x	4	1	(18)
34	2	11	x	7	x	6	1	(19)
6	8	6	x	1	x	4	x	(20)
46	33	17	x	10	x	8	x	(21)
33	8	19	x	12	1	22	x	(22)
54	x	62	16	21	1	12	x	(23)
36	4	22	5	13	2	15	1	(24)
8	x	35	6	9	x	7	2	(25)
24	x	14	x	9	x	12	x	(26)
16	1	11	2	5	0	–	–	(27)
–	–	–	–	4	x	6	0	(28)
33	3	40	x	14	x	16	5	(29)
12	x	14	x	8	x	11	0	(30)
33	5	15	17	12	1	18	1	(31)
17	x	1	x	4	0	–	–	(32)
25	2	15	x	4	x	5	x	(33)
22	x	22	6	8	x	–	–	(34)
5	x	26	41	4	x	–	–	(35)
16	2	11	x	5	x	7	x	(36)
14	x	3	3	–	–	1	x	(37)
4	0	5	x	–	–	2	x	(38)
20	x	20	x	11	0	4	0	(39)
20	x	–	–	7	4	9	x	(40)
33	13	4	9	2	x	3	x	(41)
5	x	–	–	–	–	12	x	(42)
9	0	3	x	2	x	9	1	(43)
14	x	3	x	6	1	11	5	(44)
31	19	6	x	7	x	7	x	(45)
31	49	45	x	6	x	23	20	(46)
29	3	13	x	17	1	13	2	(47)
2	x	–	–	2	x	–	–	(48)

キ 材種別、用途別製材品出荷工場数及び出荷量（続き）

(ｲ) 輸入材

全国・都道府県	計		建築用材							
			小計		板類		ひき割類		ひき角類	
	工場数	出荷量	工場数	出荷量	工場数	出荷量	工場数	出荷量	工場数	出荷量
	工場	千m^3	工場	千m^3	工場	千m^3	工場	千m^3	工場	千m^3
全国 (1)	**1,042**	**2,480**	**841**	**2,113**	**494**	**130**	**631**	**840**	**620**	**1,143**
北海道 (2)	14	10	14	8	12	2	11	3	12	3
青森 (3)	14	1	14	x	14	x	14	0	14	x
岩手 (4)	24	6	16	x	11	1	16	x	13	3
宮城 (5)	28	5	28	x	18	x	18	2	18	1
秋田 (6)	20	13	9	9	7	x	5	0	2	x
山形 (7)	20	2	20	2	15	0	15	1	15	1
福島 (8)	49	55	46	53	18	0	40	52	31	1
茨城 (9)	11	595	6	587	5	15	6	163	6	409
栃木 (10)	10	14	6	12	−	−	6	11	6	1
群馬 (11)	17	2	15	x	9	x	13	1	8	0
埼玉 (12)	4	1	4	1	2	x	2	x	4	0
千葉 (13)	10	14	8	x	5	x	5	12	3	x
東京 (14)	6	2	5	0	1	x	4	x	−	−
神奈川 (15)	2	x	1	x	1	x	1	x	1	x
新潟 (16)	41	29	39	28	21	2	25	14	28	12
富山 (17)	27	105	27	105	16	4	15	99	6	2
石川 (18)	41	3	39	3	20	1	15	0	36	2
福井 (19)	46	7	46	x	19	0	25	x	46	6
山梨 (20)	2	x	2	x	−	−	2	x	2	x
長野 (21)	36	10	35	4	19	1	35	1	35	2
岐阜 (22)	26	16	21	12	10	2	14	9	3	1
静岡 (23)	55	21	38	8	26	1	27	3	23	4
愛知 (24)	41	27	23	11	14	4	11	3	20	4
三重 (25)	22	44	10	37	8	2	10	22	6	13
滋賀 (26)	25	5	22	0	6	0	15	0	14	0
京都 (27)	28	79	28	79	17	40	27	27	20	12
大阪 (28)	26	6	20	x	13	3	16	x	17	1
兵庫 (29)	24	30	18	14	16	3	16	9	16	2
奈良 (30)	24	24	18	18	10	3	13	12	17	3
和歌山 (31)	24	27	18	22	16	5	12	14	12	3
鳥取 (32)	13	0	13	0	8	0	13	0	13	0
島根 (33)	31	14	25	3	23	1	24	1	24	1
岡山 (34)	7	2	7	1	−	−	7	0	7	1
広島 (35)	36	947	30	842	20	2	22	280	18	560
山口 (36)	32	58	22	48	12	0	19	12	15	36
徳島 (37)	42	23	42	22	14	3	42	17	25	2
香川 (38)	25	36	22	33	13	12	20	19	19	2
愛媛 (39)	25	104	14	93	8	5	11	38	12	50
高知 (40)	16	99	12	1	12	0	6	1	6	0
福岡 (41)	20	14	12	x	8	4	12	9	10	x
佐賀 (42)	4	2	3	x	2	x	3	1	3	x
長崎 (43)	14	3	14	2	−	−	10	1	14	1
熊本 (44)	21	11	18	1	18	1	−	−	12	0
大分 (45)	8	4	8	1	5	0	7	0	7	1
宮崎 (46)	28	8	2	x	2	x	−	−	−	−
鹿児島 (47)	2	x	−	−	−	−	−	−	−	−
沖縄 (48)	1	x	1	x	−	−	1	x	1	x

土木建設用材		木箱仕組板・こん包用材		家具建具用材		その他用材		
工場数	出荷量	工場数	出荷量	工場数	出荷量	工場数	出荷量	
工場	千m³	工場	千m³	工場	千m³	工場	千m³	
211	**26**	**135**	**284**	**87**	**19**	**119**	**38**	(1)
4	x	2	x	–	–	–	–	(2)
1	x	–	–	–	–	1	x	(3)
8	x	–	–	5	0	3	0	(4)
3	x	–	–	–	–	–	–	(5)
2	x	–	–	9	3	9	x	(6)
–	–	–	–	–	–	–	–	(7)
31	1	7	x	2	x	–	–	(8)
5	0	5	8	–	–	–	–	(9)
6	1	6	x	6	x	–	–	(10)
4	0	–	–	2	x	–	–	(11)
–	–	–	–	–	–	–	–	(12)
–	–	–	–	–	–	2	x	(13)
1	x	1	x	–	–	1	x	(14)
–	–	1	x	–	–	–	–	(15)
8	0	–	–	9	1	–	–	(16)
–	–	–	–	6	0	–	–	(17)
5	0	–	–	–	–	3	0	(18)
7	0	2	x	2	x	4	0	(19)
–	–	2	x	–	–	–	–	(20)
16	0	3	x	2	x	–	–	(21)
4	0	1	x	10	2	2	x	(22)
11	x	17	4	–	–	2	x	(23)
12	2	6	1	5	9	10	4	(24)
10	x	3	3	1	x	–	–	(25)
5	x	6	x	–	–	2	x	(26)
12	0	–	–	–	–	–	–	(27)
1	x	1	x	4	1	4	x	(28)
4	x	4	x	2	x	4	11	(29)
2	x	9	x	–	–	–	–	(30)
7	3	6	2	–	–	8	0	(31)
–	–	–	–	–	–	–	–	(32)
4	0	2	x	3	x	3	x	(33)
2	x	–	–	2	x	–	–	(34)
5	x	6	103	–	–	8	x	(35)
8	5	6	x	–	–	4	x	(36)
1	x	–	–	–	–	11	x	(37)
2	x	6	x	–	–	4	x	(38)
1	x	2	x	–	–	4	0	(39)
–	–	10	98	6	0	–	–	(40)
8	0	3	0	3	x	2	x	(41)
2	x	–	–	–	–	–	–	(42)
–	–	1	x	–	–	1	x	(43)
2	x	1	x	6	x	6	x	(44)
7	0	2	x	2	x	2	x	(45)
–	–	12	x	–	–	19	x	(46)
–	–	2	x	–	–	–	–	(47)
–	–	–	–	–	–	–	–	(48)

キ　材種別、用途別製材品出荷工場数及び出荷量（続き）

(ｳ)　人工乾燥材

a　合計

単位：千m^3

全国・都道府県	計	建築用材			
		小計	板類	ひき割類	ひき角類
全国 (1)	**3,930**	**3,897**	**597**	**1,431**	**1,869**
北海道 (2)	85	72	10	49	13
青森 (3)	10	10	1	3	6
岩手 (4)	89	89	16	66	7
宮城 (5)	34	34	x	17	x
秋田 (6)	104	98	32	51	15
山形 (7)	54	54	49	3	2
福島 (8)	223	223	19	164	40
茨城 (9)	469	469	13	65	391
栃木 (10)	189	189	53	32	104
群馬 (11)	24	24	14	2	8
埼玉 (12)	12	12	4	1	7
千葉 (13)	x	x	x	–	–
東京 (14)	3	3	2	0	1
神奈川 (15)	x	x	x	x	x
新潟 (16)	14	14	1	9	4
富山 (17)	112	112	2	108	2
石川 (18)	5	5	3	1	1
福井 (19)	8	8	1	3	4
山梨 (20)	x	x	–	x	x
長野 (21)	38	38	21	4	13
岐阜 (22)	71	69	11	19	39
静岡 (23)	34	33	4	7	22
愛知 (24)	7	7	2	1	4
三重 (25)	69	69	13	26	30
滋賀 (26)	3	3	1	1	1
京都 (27)	77	77	40	27	10
大阪 (28)	–	–	–	–	–
兵庫 (29)	46	46	18	10	18
奈良 (30)	48	47	5	30	12
和歌山 (31)	58	58	10	23	25
鳥取 (32)	9	9	2	2	5
島根 (33)	17	17	4	6	7
岡山 (34)	84	84	4	16	64
広島 (35)	600	600	7	97	496
山口 (36)	54	53	3	24	26
徳島 (37)	52	52	16	28	8
香川 (38)	30	30	12	x	x
愛媛 (39)	232	232	31	76	125
高知 (40)	75	69	x	x	31
福岡 (41)	83	83	41	29	13
佐賀 (42)	0	0	0	0	0
長崎 (43)	x	–	–	–	–
熊本 (44)	120	119	15	30	74
大分 (45)	188	188	10	78	100
宮崎 (46)	445	444	58	276	110
鹿児島 (47)	52	52	27	10	15
沖縄 (48)	–	–	–	–	–

b 国産材

単位：千m^3

計	建築用材				
	小計	板類	ひき割類	ひき角類	
2,546	**2,520**	**523**	**1,040**	**957**	(1)
x	x	x	x	x	(2)
10	10	1	3	6	(3)
89	89	16	66	7	(4)
x	x	x	x	x	(5)
91	89	23	51	15	(6)
x	x	x	x	x	(7)
171	171	19	112	40	(8)
x	x	x	x	x	(9)
189	189	53	32	104	(10)
23	23	13	x	x	(11)
x	x	x	x	x	(12)
x	x	x	−	−	(13)
3	3	2	0	1	(14)
x	x	x	x	x	(15)
14	14	1	9	4	(16)
29	29	0	27	2	(17)
5	5	3	1	1	(18)
7	7	1	3	3	(19)
x	x	−	x	x	(20)
37	37	21	4	12	(21)
61	59	9	x	x	(22)
32	31	4	x	x	(23)
7	7	2	1	4	(24)
x	x	x	x	x	(25)
x	x	x	x	x	(26)
7	7	1	5	1	(27)
−	−	−	−	−	(28)
35	35	x	x	x	(29)
48	47	5	30	12	(30)
x	x	x	x	x	(31)
x	x	x	x	x	(32)
17	17	4	6	7	(33)
84	84	4	16	64	(34)
33	33	x	11	x	(35)
43	42	x	24	x	(36)
45	45	16	21	8	(37)
x	x	x	−	x	(38)
185	x	31	x	x	(39)
x	69	x	x	31	(40)
70	70	37	20	13	(41)
0	0	0	0	0	(42)
x	−	−	−	−	(43)
120	119	15	30	74	(44)
187	187	10	78	99	(45)
445	444	58	276	110	(46)
52	52	27	10	15	(47)
−	−	−	−	−	(48)

キ　材種別、用途別製材品出荷工場数及び出荷量（続き）

(ｳ)　人工乾燥材（続き）

c　輸入材

単位：千m^3

全国・都道府県	計	建築用材			
		小計	板類	ひき割類	ひき角類
全国 (1)	**1,384**	**1,377**	**74**	**391**	**912**
北海道 (2)	x	x	x	x	x
青森 (3)	0	0	0	0	0
岩手 (4)	−	−	−	−	−
宮城 (5)	x	x	−	x	−
秋田 (6)	13	9	9	−	−
山形 (7)	x	x	x	x	x
福島 (8)	52	52	0	52	0
茨城 (9)	x	x	x	x	x
栃木 (10)	0	0	−	0	0
群馬 (11)	1	1	1	x	x
埼玉 (12)	x	x	x	x	x
千葉 (13)	x	x	x	−	−
東京 (14)	0	0	−	0	−
神奈川 (15)	−	−	−	−	−
新潟 (16)	0	0	0	0	−
富山 (17)	83	83	2	81	0
石川 (18)	0	0	−	−	0
福井 (19)	1	1	0	0	1
山梨 (20)	−	−	−	−	−
長野 (21)	1	1	−	0	1
岐阜 (22)	10	10	2	x	x
静岡 (23)	2	2	0	x	x
愛知 (24)	−	−	−	−	−
三重 (25)	x	x	x	x	x
滋賀 (26)	x	x	x	x	x
京都 (27)	70	70	39	22	9
大阪 (28)	−	−	−	−	−
兵庫 (29)	11	11	x	x	x
奈良 (30)	−	−	−	−	−
和歌山 (31)	x	x	x	x	x
鳥取 (32)	x	x	x	x	x
島根 (33)	0	0	0	0	0
岡山 (34)	−	−	−	−	−
広島 (35)	567	567	x	86	x
山口 (36)	11	11	x	−	x
徳島 (37)	7	7	−	7	−
香川 (38)	x	x	x	x	−
愛媛 (39)	47	x	−	x	x
高知 (40)	x	−	−	−	−
福岡 (41)	13	13	4	9	−
佐賀 (42)	−	−	−	−	−
長崎 (43)	x	−	−	−	−
熊本 (44)	−	−	−	−	−
大分 (45)	1	1	−	0	1
宮崎 (46)	0	−	−	−	−
鹿児島 (47)	−	−	−	−	−
沖縄 (48)	−	−	−	−	−

ク　製材品の出荷先別出荷量（販売量のみ）及び在庫量

単位：千m^3

出荷量			年末在庫量	
計	自県へ	他県へ		
8,790	**3,339**	**5,451**	**1,171**	(1)
851	318	533	43	(2)
78	31	47	17	(3)
282	164	118	19	(4)
93	51	42	19	(5)
219	98	121	38	(6)
82	31	51	8	(7)
372	63	309	33	(8)
714	149	565	31	(9)
257	145	112	15	(10)
71	28	43	9	(11)
30	14	16	13	(12)
30	15	15	5	(13)
7	6	1	2	(14)
6	5	1	0	(15)
66	40	26	19	(16)
147	45	102	11	(17)
33	28	5	5	(18)
35	33	2	6	(19)
15	6	9	3	(20)
96	56	40	22	(21)
135	41	94	37	(22)
102	83	19	31	(23)
41	32	9	9	(24)
157	73	84	26	(25)
22	14	8	5	(26)
86	22	64	5	(27)
8	5	3	2	(28)
98	55	43	18	(29)
115	30	85	45	(30)
128	48	80	24	(31)
24	17	7	7	(32)
61	30	31	8	(33)
158	89	69	24	(34)
1,058	425	633	177	(35)
130	32	98	21	(36)
129	45	84	16	(37)
39	9	30	4	(38)
390	77	313	46	(39)
230	65	165	15	(40)
255	113	142	33	(41)
110	106	4	2	(42)
22	9	13	1	(43)
398	192	206	41	(44)
432	91	341	41	(45)
837	215	622	200	(46)
140	94	46	15	(47)
1	1	-	0	(48)

ケ　月別製材用素材入荷量

単位：千m^3

全国・都道府県	平成30年 1月	2	3	4	5	6	7	8	9	10	11	12
全国 (1)	**1,335**	**1,287**	**1,550**	**1,451**	**1,354**	**1,478**	**1,247**	**1,328**	**1,288**	**1,397**	**1,561**	**1,403**
北海道, (2)	144	157	166	126	144	178	167	130	137	155	129	168
青森 (3)	13	15	18	14	18	16	14	13	12	15	15	15
岩手 (4)	51	46	55	50	50	54	46	44	41	48	55	59
宮城 (5)	16	15	18	20	19	22	20	14	12	16	21	16
秋田 (6)	38	35	45	37	39	47	44	35	41	42	46	40
山形 (7)	14	13	27	27	30	38	28	23	32	33	35	20
福島 (8)	61	53	65	56	47	52	57	55	54	65	64	61
茨城 (9)	90	98	144	128	85	110	74	129	87	113	161	59
栃木 (10)	39	39	44	43	41	42	34	33	37	39	48	47
群馬 (11)	11	9	9	10	12	11	9	11	9	11	13	12
埼玉 (12)	…	…	…	…	…	…	…	…	…	…	…	…
千葉 (13)	…	…	…	…	…	…	…	…	…	…	…	…
東京 (14)	…	…	…	…	…	…	…	…	…	…	…	…
神奈川 (15)	…	…	…	…	…	…	…	…	…	…	…	…
新潟 (16)	9	9	12	13	12	12	11	12	11	12	12	10
富山 (17)	…	…	…	…	…	…	…	…	…	…	…	…
石川 (18)	…	…	…	…	…	…	…	…	…	…	…	…
福井 (19)	…	…	…	…	…	…	…	…	…	…	…	…
山梨 (20)	…	…	…	…	…	…	…	…	…	…	…	…
長野 (21)	13	15	16	16	17	13	15	10	11	13	12	11
岐阜 (22)	19	17	22	22	23	23	20	21	18	21	22	23
静岡 (23)	18	15	18	19	18	18	17	15	17	17	18	17
愛知 (24)	9	9	11	10	10	10	11	8	8	11	12	10
三重 (25)	22	29	25	28	20	26	17	25	18	26	23	30
滋賀 (26)	…	…	…	…	…	…	…	…	…	…	…	…
京都 (27)	…	…	…	…	…	…	…	…	…	…	…	…
大阪 (28)	…	…	…	…	…	…	…	…	…	…	…	…
兵庫 (29)	11	12	12	16	11	12	13	12	13	16	14	17
奈良 (30)	16	13	20	20	20	16	15	12	13	16	19	19
和歌山 (31)	18	19	20	21	17	15	16	14	10	15	19	15
鳥取 (32)	…	…	…	…	…	…	…	…	…	…	…	…
島根 (33)	…	…	…	…	…	…	…	…	…	…	…	…
岡山 (34)	25	22	25	23	25	25	21	23	24	25	29	30
広島 (35)	177	109	183	172	144	190	112	161	168	142	165	168
山口 (36)	18	17	29	14	19	19	18	31	14	14	30	30
徳島 (37)	18	17	20	24	24	16	17	17	16	18	21	21
香川 (38)	…	…	…	…	…	…	…	…	…	…	…	…
愛媛 (39)	49	49	61	72	61	70	50	55	53	66	66	59
高知 (40)	37	35	47	40	37	35	37	36	23	37	50	40
福岡 (41)	27	34	31	28	26	29	27	31	31	27	33	35
佐賀 (42)	…	…	…	…	…	…	…	…	…	…	…	…
長崎 (43)	…	…	…	…	…	…	…	…	…	…	…	…
熊本 (44)	52	54	65	64	59	56	50	57	63	58	65	54
大分 (45)	70	67	72	74	65	59	55	57	65	70	75	62
宮崎 (46)	140	157	145	146	148	149	129	139	144	144	163	142
鹿児島 (47)	24	25	25	24	25	19	22	19	23	22	25	22
沖縄 (48)	…	…	…	…	…	…	…	…	…	…	…	…

注：1　平成30年１月分調査より調査の対象を全国の製材工場から調査対象都道府県（30道県）の製材工場に変更するとともに、全国結果については全都道府県結果の積算から、調査対象都道府県結果及び直近年の木材統計調査基礎調査結果に基づく推定に変更した（以下セまで同じ。）。

2　平成30年６月分の調査結果は、第１報の公表時においては、平成30年７月豪雨の影響により、愛媛県及び高知県の一部の工場の調査票が回収できなかったことから、当該工場については、５月分の調査結果を用いて推計していたが、高知県の当該工場のデータが得られたため再集計を行った（以下ソまで同じ。）。

3　平成30年７月分の調査結果は、第１報の公表時においては、平成30年７月豪雨の影響により、愛媛県の一部の工場の調査票が回収できなかったことから、当該工場については、７月中の工場の操業がなかったものとして推計した（以下ソまで同じ。）。

コ 月別製材用素材消費量

単位：千m^3

平成30年 1月	2	3	4	5	6	7	8	9	10	11	12	
1,247	1,268	1,442	1,442	1,417	1,466	1,387	1,334	1,342	1,468	1,455	1,364	(1)
139	139	150	153	154	164	157	149	143	157	159	137	(2)
13	13	15	16	16	16	14	13	14	17	15	14	(3)
46	44	51	53	51	54	54	50	48	52	50	49	(4)
16	15	18	18	18	20	18	16	17	18	17	16	(5)
32	34	43	44	44	48	43	41	40	46	40	38	(6)
16	15	20	26	30	29	31	27	27	30	29	24	(7)
47	47	58	62	60	60	61	57	59	65	64	57	(8)
96	101	111	112	107	113	112	101	97	115	106	110	(9)
33	36	40	40	41	40	39	38	39	43	41	39	(10)
10	9	11	12	12	11	12	11	10	10	12	11	(11)
…	…	…	…	…	…	…	…	…	…	…	…	(12)
…	…	…	…	…	…	…	…	…	…	…	…	(13)
…	…	…	…	…	…	…	…	…	…	…	…	(14)
…	…	…	…	…	…	…	…	…	…	…	…	(15)
9	10	12	13	12	13	12	13	12	13	13	11	(16)
…	…	…	…	…	…	…	…	…	…	…	…	(17)
…	…	…	…	…	…	…	…	…	…	…	…	(18)
…	…	…	…	…	…	…	…	…	…	…	…	(19)
…	…	…	…	…	…	…	…	…	…	…	…	(20)
11	11	14	14	12	13	14	12	12	14	13	12	(21)
19	18	21	23	22	23	21	20	20	22	23	22	(22)
16	16	18	19	18	19	18	18	17	17	18	16	(23)
9	9	10	9	10	11	11	10	9	11	11	10	(24)
19	22	24	27	24	24	24	18	19	22	24	21	(25)
…	…	…	…	…	…	…	…	…	…	…	…	(26)
…	…	…	…	…	…	…	…	…	…	…	…	(27)
…	…	…	…	…	…	…	…	…	…	…	…	(28)
12	12	12	15	12	14	13	13	13	14	13	13	(29)
14	15	19	19	15	14	18	14	14	15	19	16	(30)
17	17	19	18	17	17	18	15	14	16	16	14	(31)
…	…	…	…	…	…	…	…	…	…	…	…	(32)
…	…	…	…	…	…	…	…	…	…	…	…	(33)
23	21	25	26	25	25	23	23	23	26	27	26	(34)
143	151	172	163	156	169	127	150	151	171	172	164	(35)
19	18	18	21	20	19	20	19	20	22	21	23	(36)
17	19	19	21	21	19	18	18	18	19	20	18	(37)
…	…	…	…	…	…	…	…	…	…	…	…	(38)
55	52	67	61	61	66	54	55	60	64	64	60	(39)
36	33	41	39	38	38	36	35	35	39	41	37	(40)
27	34	33	27	26	28	29	31	28	28	28	28	(41)
…	…	…	…	…	…	…	…	…	…	…	…	(42)
…	…	…	…	…	…	…	…	…	…	…	…	(43)
53	55	65	65	65	63	62	60	60	64	62	61	(44)
60	61	68	64	68	71	65	62	68	70	68	65	(45)
137	138	150	144	148	148	149	136	146	150	150	143	(46)
22	21	25	25	22	22	24	23	22	23	25	21	(47)
…	…	…	…	…	…	…	…	…	…	…	…	(48)

サ 月別製材用素材在庫量

単位：千m^3

全国・都道府県	平成30年 1月	2	3	4	5	6	7	8	9	10	11	12
全国 (1)	**3,323**	**3,342**	**3,450**	**3,459**	**3,396**	**3,409**	**3,269**	**3,263**	**3,209**	**3,138**	**3,244**	**3,283**
北海道 (2)	498	516	532	505	495	509	519	500	494	492	462	493
青森 (3)	141	143	146	144	146	146	146	146	144	142	142	143
岩手 (4)	100	102	106	103	102	102	94	88	81	77	82	92
宮城 (5)	29	29	29	31	32	34	36	34	29	27	31	31
秋田 (6)	93	94	96	89	84	83	84	78	79	75	81	83
山形 (7)	27	25	32	33	33	42	39	35	40	43	49	45
福島 (8)	204	210	217	211	198	190	186	184	179	179	179	183
茨城 (9)	126	123	156	172	150	147	109	137	127	125	180	129
栃木 (10)	114	117	121	124	124	126	121	116	114	110	117	125
群馬 (11)	33	33	31	29	29	29	26	26	25	26	27	28
埼玉 (12)	…	…	…	…	…	…	…	…	…	…	…	…
千葉 (13)	…	…	…	…	…	…	…	…	…	…	…	…
東京 (14)	…	…	…	…	…	…	…	…	…	…	…	…
神奈川 (15)	…	…	…	…	…	…	…	…	…	…	…	…
新潟 (16)	33	32	32	32	32	31	30	29	28	27	26	25
富山 (17)	…	…	…	…	…	…	…	…	…	…	…	…
石川 (18)	…	…	…	…	…	…	…	…	…	…	…	…
福井 (19)	…	…	…	…	…	…	…	…	…	…	…	…
山梨 (20)	…	…	…	…	…	…	…	…	…	…	…	…
長野 (21)	123	127	129	131	136	136	137	135	134	133	132	131
岐阜 (22)	59	58	59	58	59	59	58	59	57	56	55	56
静岡 (23)	84	83	83	83	83	82	81	78	78	78	78	79
愛知 (24)	26	26	27	28	28	27	27	25	24	24	25	25
三重 (25)	88	95	96	97	93	95	88	95	94	98	97	106
滋賀 (26)	…	…	…	…	…	…	…	…	…	…	…	…
京都 (27)	…	…	…	…	…	…	…	…	…	…	…	…
大阪 (28)	…	…	…	…	…	…	…	…	…	…	…	…
兵庫 (29)	25	25	25	26	25	23	23	22	22	24	25	29
奈良 (30)	217	215	216	217	222	224	221	219	218	219	219	222
和歌山 (31)	30	32	33	36	36	34	32	31	27	26	29	30
鳥取 (32)	…	…	…	…	…	…	…	…	…	…	…	…
島根 (33)	…	…	…	…	…	…	…	…	…	…	…	…
岡山 (34)	19	20	20	17	17	17	15	15	16	15	17	21
広島 (35)	122	80	91	100	88	109	94	105	122	93	86	90
山口 (36)	10	9	20	13	12	12	10	22	16	8	17	24
徳島 (37)	23	21	22	25	28	25	24	23	21	20	21	24
香川 (38)	…	…	…	…	…	…	…	…	…	…	…	…
愛媛 (39)	66	63	57	68	68	72	68	68	61	63	65	64
高知 (40)	30	32	38	39	38	35	36	37	25	23	32	35
福岡 (41)	119	119	117	118	118	119	117	117	120	119	124	131
佐賀 (42)	…	…	…	…	…	…	…	…	…	…	…	…
長崎 (43)	…	…	…	…	…	…	…	…	…	…	…	…
熊本 (44)	121	120	120	119	113	106	94	91	94	88	91	84
大分 (45)	146	152	156	166	163	152	142	137	134	134	141	138
宮崎 (46)	157	176	171	173	173	174	154	157	155	149	162	161
鹿児島 (47)	48	52	52	51	54	51	49	45	46	45	45	46
沖縄 (48)	…	…	…	…	…	…	…	…	…	…	…	…

シ　月別製材品生産量

単位：千m^3

平成30年 1月	2	3	4	5	6	7	8	9	10	11	12	
698	**718**	**800**	**794**	**779**	**815**	**761**	**732**	**738**	**808**	**813**	**762**	(1)
67	67	71	73	73	78	74	70	67	73	75	64	(2)
6	6	7	7	8	8	7	6	7	8	7	7	(3)
24	23	26	27	25	29	27	25	24	26	26	25	(4)
8	8	9	9	9	10	10	8	8	9	9	8	(5)
14	16	21	20	21	22	19	19	19	21	19	19	(6)
8	8	9	11	13	14	14	12	13	13	13	12	(7)
27	29	25	30	31	29	30	28	29	32	33	29	(8)
56	59	66	66	63	67	65	60	57	66	62	65	(9)
19	22	22	23	23	23	23	21	22	24	25	23	(10)
6	6	7	7	6	7	7	7	6	7	7	7	(11)
…	…	…	…	…	…	…	…	…	…	…	…	(12)
…	…	…	…	…	…	…	…	…	…	…	…	(13)
…	…	…	…	…	…	…	…	…	…	…	…	(14)
…	…	…	…	…	…	…	…	…	…	…	…	(15)
6	6	8	9	8	9	8	8	8	9	9	7	(16)
…	…	…	…	…	…	…	…	…	…	…	…	(17)
…	…	…	…	…	…	…	…	…	…	…	…	(18)
…	…	…	…	…	…	…	…	…	…	…	…	(19)
…	…	…	…	…	…	…	…	…	…	…	…	(20)
6	6	8	8	7	8	8	7	7	8	8	7	(21)
10	9	12	13	12	12	11	11	11	12	12	12	(22)
10	10	12	12	11	12	12	11	11	11	12	10	(23)
6	6	7	6	6	7	7	6	6	7	7	7	(24)
12	14	15	17	15	15	15	12	12	14	15	13	(25)
…	…	…	…	…	…	…	…	…	…	…	…	(26)
…	…	…	…	…	…	…	…	…	…	…	…	(27)
…	…	…	…	…	…	…	…	…	…	…	…	(28)
7	7	7	9	7	8	7	7	8	8	8	8	(29)
9	10	12	13	10	9	12	9	9	10	12	10	(30)
11	12	13	12	11	11	11	9	9	10	10	10	(31)
…	…	…	…	…	…	…	…	…	…	…	…	(32)
…	…	…	…	…	…	…	…	…	…	…	…	(33)
13	12	14	14	13	14	12	12	14	14	16	15	(34)
83	87	100	94	90	98	73	86	86	99	99	94	(35)
10	10	11	12	12	12	12	11	12	13	13	13	(36)
13	11	13	12	13	11	11	11	11	11	12	10	(37)
…	…	…	…	…	…	…	…	…	…	…	…	(38)
30	27	34	32	33	35	29	29	31	34	34	32	(39)
19	19	21	21	21	21	20	19	18	21	22	20	(40)
17	22	20	16	15	17	17	19	17	17	17	18	(41)
…	…	…	…	…	…	…	…	…	…	…	…	(42)
…	…	…	…	…	…	…	…	…	…	…	…	(43)
30	33	39	38	37	37	34	34	35	37	37	36	(44)
34	33	37	34	38	38	36	34	37	39	39	35	(45)
75	76	82	78	80	82	82	74	78	83	81	79	(46)
11	11	13	13	11	12	12	13	12	13	14	11	(47)
…	…	…	…	…	…	…	…	…	…	…	…	(48)

ス　月別製材品出荷量

単位：千m^3

全国・都道府県	平成30年 1月	2	3	4	5	6	7	8	9	10	11	12
全国 (1)	**692**	**701**	**766**	**768**	**777**	**794**	**769**	**724**	**758**	**819**	**815**	**745**
北海道 (2)	65	63	70	70	78	77	77	69	71	75	81	63
青森 (3)	6	6	6	7	9	8	7	7	7	8	8	7
岩手 (4)	24	23	27	27	26	28	27	23	25	27	26	24
宮城 (5)	7	7	9	8	10	8	9	7	7	9	9	8
秋田 (6)	16	15	20	19	20	21	21	19	20	20	20	20
山形 (7)	9	9	9	11	11	14	15	12	13	14	13	11
福島 (8)	27	27	27	26	29	29	32	29	31	31	29	29
茨城 (9)	53	56	65	69	72	69	70	65	65	64	59	61
栃木 (10)	20	21	23	23	23	23	23	21	21	27	25	22
群馬 (11)	6	5	7	6	7	7	7	7	7	7	7	7
埼玉 (12)	…	…	…	…	…	…	…	…	…	…	…	…
千葉 (13)	…	…	…	…	…	…	…	…	…	…	…	…
東京 (14)	…	…	…	…	…	…	…	…	…	…	…	…
神奈川 (15)	…	…	…	…	…	…	…	…	…	…	…	…
新潟 (16)	6	6	8	9	9	9	8	9	8	9	9	7
富山 (17)	…	…	…	…	…	…	…	…	…	…	…	…
石川 (18)	…	…	…	…	…	…	…	…	…	…	…	…
福井 (19)	…	…	…	…	…	…	…	…	…	…	…	…
山梨 (20)	…	…	…	…	…	…	…	…	…	…	…	…
長野 (21)	6	7	8	8	7	8	8	7	7	9	8	7
岐阜 (22)	10	9	11	12	12	12	12	12	11	13	13	12
静岡 (23)	10	10	11	12	11	12	12	11	12	11	12	11
愛知 (24)	6	6	7	6	7	7	7	6	6	7	7	7
三重 (25)	12	14	14	16	15	14	16	13	14	16	15	14
滋賀 (26)	…	…	…	…	…	…	…	…	…	…	…	…
京都 (27)	…	…	…	…	…	…	…	…	…	…	…	…
大阪 (28)	…	…	…	…	…	…	…	…	…	…	…	…
兵庫 (29)	7	7	7	9	7	8	7	7	8	8	8	8
奈良 (30)	9	11	11	11	9	9	9	9	10	10	12	9
和歌山 (31)	12	11	13	12	10	11	11	9	9	9	10	9
鳥取 (32)	…	…	…	…	…	…	…	…	…	…	…	…
島根 (33)	…	…	…	…	…	…	…	…	…	…	…	…
岡山 (34)	14	13	17	15	14	14	13	12	14	14	15	13
広島 (35)	82	77	88	91	84	94	82	77	89	101	99	94
山口 (36)	12	10	11	11	12	11	11	11	12	12	13	13
徳島 (37)	10	12	12	11	12	12	10	11	11	12	13	10
香川 (38)	…	…	…	…	…	…	…	…	…	…	…	…
愛媛 (39)	29	28	32	31	33	36	30	32	30	35	35	30
高知 (40)	19	24	21	20	20	21	20	19	19	21	21	21
福岡 (41)	15	22	17	16	15	17	16	18	18	17	18	17
佐賀 (42)	…	…	…	…	…	…	…	…	…	…	…	…
長崎 (43)	…	…	…	…	…	…	…	…	…	…	…	…
熊本 (44)	31	32	38	39	38	35	34	34	34	38	36	34
大分 (45)	33	34	37	35	36	36	35	35	37	38	40	37
宮崎 (46)	73	73	71	68	71	72	70	67	74	82	80	73
鹿児島 (47)	12	11	12	13	12	13	13	12	12	14	13	12
沖縄 (48)	…	…	…	…	…	…	…	…	…	…	…	…

セ　月別製材品在庫量

単位：千m^3

平成30年 1月	2	3	4	5	6	7	8	9	10	11	12	
1,537	**1,554**	**1,588**	**1,614**	**1,616**	**1,637**	**1,629**	**1,637**	**1,617**	**1,606**	**1,604**	**1,621**	(1)
72	76	77	80	75	76	73	74	70	68	62	63	(2)
15	15	16	16	15	15	15	14	14	14	13	13	(3)
51	51	50	50	49	50	50	52	51	50	50	51	(4)
52	53	53	54	53	55	56	57	58	58	58	58	(5)
51	52	53	54	55	56	54	54	53	54	53	52	(6)
18	17	17	17	19	19	18	18	18	17	17	18	(7)
48	50	48	52	54	54	52	51	49	50	54	54	(8)
70	73	74	71	62	60	55	50	42	44	47	51	(9)
7	8	7	7	7	7	7	7	8	5	5	6	(10)
11	12	12	13	12	12	12	12	11	11	11	11	(11)
…	…	…	…	…	…	…	…	…	…	…	…	(12)
…	…	…	…	…	…	…	…	…	…	…	…	(13)
…	…	…	…	…	…	…	…	…	…	…	…	(14)
…	…	…	…	…	…	…	…	…	…	…	…	(15)
21	21	21	21	20	20	20	19	19	19	19	19	(16)
…	…	…	…	…	…	…	…	…	…	…	…	(17)
…	…	…	…	…	…	…	…	…	…	…	…	(18)
…	…	…	…	…	…	…	…	…	…	…	…	(19)
…	…	…	…	…	…	…	…	…	…	…	…	(20)
16	15	15	15	15	15	15	15	15	14	14	14	(21)
22	22	23	24	24	24	23	22	22	21	20	20	(22)
26	26	27	27	27	27	27	27	26	26	26	25	(23)
9	9	9	9	8	8	8	8	8	8	8	8	(24)
25	25	26	27	27	28	27	26	24	22	22	21	(25)
…	…	…	…	…	…	…	…	…	…	…	…	(26)
…	…	…	…	…	…	…	…	…	…	…	…	(27)
…	…	…	…	…	…	…	…	…	…	…	…	(28)
17	17	17	17	17	17	17	17	17	17	17	17	(29)
98	97	98	100	101	101	104	104	103	103	103	104	(30)
36	37	37	37	38	38	38	38	38	39	39	40	(31)
…	…	…	…	…	…	…	…	…	…	…	…	(32)
…	…	…	…	…	…	…	…	…	…	…	…	(33)
34	33	30	29	28	28	27	27	27	27	28	30	(34)
149	159	171	174	180	184	175	184	181	179	179	179	(35)
20	20	20	21	21	22	23	23	23	24	24	24	(36)
19	18	19	20	21	20	21	21	21	20	19	19	(37)
…	…	…	…	…	…	…	…	…	…	…	…	(38)
53	52	54	55	55	54	53	50	51	50	49	51	(39)
40	35	35	36	37	37	37	37	36	36	37	36	(40)
26	26	29	29	29	29	30	31	30	30	29	30	(41)
…	…	…	…	…	…	…	…	…	…	…	…	(42)
…	…	…	…	…	…	…	…	…	…	…	…	(43)
50	51	52	51	50	52	52	52	53	52	53	55	(44)
96	95	95	94	96	98	99	98	98	99	98	96	(45)
220	223	234	244	253	263	275	282	286	287	288	294	(46)
44	44	45	45	44	43	42	43	43	42	43	42	(47)
…	…	…	…	…	…	…	…	…	…	…	…	(48)

ソ　月別国産材、輸入材別製材用素材入荷量

単位：千m^3

月　別	計	国産材			輸入材
		小計	針葉樹	広葉樹	
平成30年１月	1,335	989	974	15	346
2	1,287	990	980	10	297
3	1,550	1,123	1,107	16	427
4	1,451	1,079	1,061	18	372
5	1,354	1,045	1,028	17	309
6	1,478	1,097	1,078	19	381
7	1,247	991	977	14	256
8	1,328	933	919	14	395
9	1,288	968	953	15	320
10	1,397	1,070	1,055	15	327
11	1,561	1,144	1,122	22	417
12	1,403	1,097	1,072	25	306

注：平成30年１月調査から製材用素材の樹種別入荷量の輸入材について地域別の把握を廃止した。

(2)　合単板及びＬＶＬ

ア　工場類型別合単板工場数

単位：工場

区　分	計	単板のみ	普通合板のみ	普通合板 と 特殊合板	特殊合板のみ
全　国	180	10	33	1	136

イ　単板製造用素材の入荷量

単位：千m^3

区　分	合計	国産材			輸入材						
		小計	針葉樹	広葉樹	小計	針葉樹	南洋材	米材	北洋材	ﾆｭｰｼﾞｰﾗﾝﾄﾞ材	その他
全　国	5,287	4,492	4,472	20	795	658	132	522	116	24	1

ウ　合板用単板消費量

単位：千m^3

区　分	合計			自社生産			他社から購入		
	計	国産材	輸入材	計	国産材	輸入材	計	国産材	輸入材
全　国	3,640	2,924	716	3,131	2,716	415	509	208	301

エ　普通合板の用途別、厚さ別生産量及び在庫量

単位：千m^3

区　分	生　産　量								
	合計			6㎜未満			6～12		
	計	針葉樹	構造用	計	針葉樹	構造用	計	針葉樹	構造用
全　国	3,298	3,150	2,971	70	20	20	458	437	306

区　分	生　産　量　（続　き）						年末在庫量
	12～24			24㎜以上			
	計	針葉樹	構造用	計	針葉樹	構造用	
全　国	1,535	1,465	1,425	1,235	1,228	1,220	180

(2)　合単板及びＬＶＬ（続き）

オ　特殊合板の生産量及び在庫量

単位：千m^3

区　分	生産量	年末在庫量
全　国	580	35

カ　ＬＶＬ工場数及びＬＶＬ用単板消費量

区　分	工場数	ＬＶＬ用単板消費量								
		合計			自社生産			他社から購入		
		計	国産材	輸入材	計	国産材	輸入材	計	国産材	輸入材
	工場	千m^3	千m^3	千m^3	千m^3	千m^3	千m^3	千m^3	千m^3	千m^3
全　国	11	261	214	47	227	199	28	34	15	19

キ　ＬＶＬ生産量及び在庫量

単位：千m^3

区　分	生産量							
	合計				構造用			
	計	国産材	輸入材	混合	計	国産材	輸入材	混合
全　国	184	147	31	6	89	63	26	－

区　分	生産量（続き）				年末在庫量
	その他				
	計	国産材	輸入材	混合	
全　国	95	84	5	6	8

ク　月別合板統計

(ア)　単板製造用素材の入荷量、消費量及び在庫量

単位：m^3

月　別	入荷量			消費量			在庫量		
	計	国産材	輸入材	計	国産材	輸入材	計	国産材	輸入材
平成30年１月	360,472	297,715	62,757	375,985	303,630	72,355	363,266	257,428	105,838
2	403,505	325,591	77,914	377,605	316,692	60,913	389,166	266,327	122,839
3	459,120	379,064	80,056	413,667	350,983	62,684	434,619	294,408	140,211
4	444,404	378,389	66,015	403,035	349,359	53,676	475,988	323,438	152,550
5	421,562	348,204	73,358	398,071	342,725	55,346	499,479	328,917	170,562
6	415,997	362,186	53,811	426,189	372,267	53,922	489,287	318,836	170,451
7	426,114	342,466	83,648	421,951	362,780	59,171	493,450	298,522	194,928
8	382,156	330,271	51,885	394,510	341,236	53,274	481,096	287,557	193,539
9	382,193	329,310	52,883	398,092	343,579	54,513	465,197	273,288	191,909
10	417,653	373,319	44,334	419,754	364,143	55,611	463,096	282,464	180,632
11	418,763	384,766	33,997	414,131	357,209	56,922	467,728	310,021	157,707
12	398,386	353,405	44,981	392,638	340,060	52,578	473,476	323,366	150,110

(ｲ)　普通合板の生産量、出荷量及び在庫量

単位：m³

月　別	生産量	出荷量	在　庫　量		
			計	普通合板用	特殊合板用
平成30年１月	256,732	264,497	175,137	108,060	67,077
2	252,736	249,759	179,854	112,402	67,452
3	276,415	263,372	191,172	126,752	64,420
4	270,037	261,940	209,189	136,438	72,751
5	262,770	252,660	222,689	148,088	74,601
6	281,876	262,346	242,932	169,369	73,563
7	277,873	271,404	247,593	177,484	70,109
8	262,307	252,256	263,149	189,180	73,969
9	263,122	252,436	287,111	201,316	85,795
10	275,497	293,864	273,949	184,935	89,014
11	272,676	295,936	253,613	163,236	90,377
12	264,756	269,317	257,696	159,975	97,721

(ｳ)　普通合板の厚さ別生産量

単位：m³

月　別	計	6㎜未満	6～12	12～24	24㎜以上
平成30年１月	256,732	5,266	28,699	122,629	100,138
2	252,736	5,172	33,365	120,505	93,694
3	276,415	5,317	35,946	130,088	105,064
4	270,037	4,313	41,389	124,071	100,264
5	262,770	4,542	40,425	119,605	98,198
6	281,876	4,988	40,549	130,649	105,690
7	277,873	4,945	39,118	130,523	103,287
8	262,307	4,473	35,961	123,885	97,988
9	263,122	4,892	33,978	125,136	99,116
10	275,497	4,978	38,596	133,075	98,848
11	272,676	4,748	41,698	129,069	97,161
12	264,756	4,924	38,170	125,585	96,077

注：　平成30年１月分調査より、普通合板の種類別生産量（ベニヤコアー合板及び特殊コアー合板）の把握を廃止した。

(2)　合単板及びＬＶＬ（続き）

ク　月別合板統計（続き）

(ｴ)　普通合板の入荷量及び消費量（特殊合板用）　単位：m^3　(ｵ)　針葉樹合板の厚さ別生産量、出荷量及び在庫量（普通合板の内数）　単位：m^3

月　別	入荷量	消費量	生産量					出荷量	在庫量
			計	６㎜未満	６～12	12～24	24㎜以上		
平成30年１月	45,414	45,864	245,470	2,916	25,934	117,338	99,282	252,212	98,469
2	47,183	45,443	242,871	2,726	31,429	115,598	93,118	238,148	102,211
3	43,471	45,196	266,760	3,081	33,776	125,251	104,652	251,753	117,709
4	53,155	43,235	260,227	2,354	39,548	118,652	99,673	250,716	127,761
5	46,854	43,464	251,743	2,328	38,098	113,802	97,515	240,609	141,122
6	48,602	47,889	271,943	2,795	38,775	125,249	105,124	249,728	163,489
7	44,665	46,473	267,799	2,864	37,319	124,951	102,665	259,438	173,306
8	49,618	44,113	252,072	2,378	34,482	117,604	97,608	240,847	184,480
9	59,203	45,927	252,349	3,000	32,256	118,310	98,783	241,593	196,850
10	51,902	46,697	263,538	2,717	36,607	125,831	98,383	279,672	183,031
11	51,342	48,418	260,564	2,558	39,546	121,756	96,704	283,128	159,962
12	54,535	45,891	252,803	2,556	36,042	118,709	95,496	258,314	155,682

(ｶ)　針葉樹合板（構造用合板）の厚さ別生産量、出荷量及び在庫量（針葉樹合板の内数）

単位：m^3

月　別	生産量					出荷量	在庫量
	計	６㎜未満	６～12	12～24	24㎜以上		
平成30年１月	229,944	2,916	22,067	109,594	95,367	236,413	82,041
2	225,023	2,725	21,107	108,637	92,554	220,239	86,825
3	248,175	3,078	24,099	116,610	104,388	233,570	101,455
4	239,346	2,352	27,755	109,842	99,397	234,064	106,741
5	234,470	2,327	25,566	109,618	96,959	224,077	117,172
6	253,229	2,792	25,819	119,625	104,993	232,548	137,858
7	248,377	2,860	24,681	119,435	101,401	240,178	146,061
8	232,832	2,371	23,658	111,396	95,407	221,883	157,014
9	236,115	2,998	23,416	113,563	96,138	221,655	171,477
10	242,110	2,715	23,307	117,857	98,231	257,056	156,559
11	238,258	2,557	25,450	114,002	96,249	261,129	133,692
12	233,475	2,555	26,205	110,533	94,182	241,346	125,846

(キ)　普通合板の用途別生産量（内数）

単位：m^3

月　別	コンクリート型わく用合板		構造用合板
		針葉樹	
平成30年１月	5,071	5,053	231,220
2	4,742	4,634	226,369
3	5,557	5,474	249,561
4	4,311	4,196	240,809
5	2,236	1,889	235,913
6	2,745	2,446	254,794
7	3,774	3,404	249,910
8	3,792	3,522	234,684
9	3,589	3,581	238,339
10	4,716	4,696	244,648
11	4,749	4,715	240,527
12	4,900	4,874	235,942

(ク)　特殊合板の生産量、出荷量及び在庫量

単位：m^3

月　別	生産量	出荷量	在庫量
平成30年１月	45,763	45,052	28,220
2	46,246	45,031	29,435
3	45,303	44,293	30,445
4	42,898	40,932	32,411
5	42,358	42,997	31,772
6	47,036	46,705	32,103
7	46,706	45,819	32,990
8	44,118	44,176	32,932
9	46,085	45,317	33,700
10	46,859	47,403	33,156
11	47,983	48,704	32,435
12	46,458	46,379	32,514

(3)　木材チップ

ア　専門・兼営区分別工場数　　イ　木材チップ生産量

(ア)　針葉樹・広葉樹別、入手区分別生産量及び在庫量

単位：工場

全国・都道府県	合計			合計						
	計	木材チップ専門工場	製材又は合単板工場等との兼営工場	計	素材（原木）	工場残材 自工場から振り向けたもの	工場残材 他の工場から購入したもの	林地残材	解体材・廃材	年末在庫量
全国 (1)	**1,303**	**344**	**959**	**5,706**	**2,481**	**1,823**	**274**	**105**	**1,023**	**69**
北海道 (2)	206	38	168	813	546	257	–	–	10	15
青森 (3)	22	6	16	175	153	16	6	–	–	0
岩手 (4)	48	13	35	260	203	57	–	–	–	6
宮城 (5)	37	14	23	209	85	76	24	–	24	4
秋田 (6)	33	10	23	187	100	42	45	–	–	0
山形 (7)	36	7	29	65	46	19	–	–	–	0
福島 (8)	38	8	30	237	169	59	x	x	x	6
茨城 (9)	28	7	21	395	49	314	–	4	28	7
栃木 (10)	29	2	27	110	x	x	–	–	x	1
群馬 (11)	19	2	17	44	17	x	x	–	x	0
埼玉 (12)	11	6	5	50	17	4	x	x	24	0
千葉 (13)	9	2	7	39	30	x	x	–	x	7
東京 (14)	6	2	4	x	x	x	x	–	–	0
神奈川 (15)	6	6	–	105	–	–	–	–	105	0
新潟 (16)	18	8	10	17	7	x	1	x	x	6
富山 (17)	21	6	15	44	19	12	2	–	11	0
石川 (18)	8	2	6	20	15	x	–	x	–	0
福井 (19)	14	8	6	33	7	1	0	1	24	0
山梨 (20)	10	3	7	63	62	1	–	–	–	0
長野 (21)	52	6	46	57	38	15	3	–	1	0
岐阜 (22)	45	10	35	81	35	26	5	1	14	0
静岡 (23)	59	19	40	204	29	20	26	12	117	1
愛知 (24)	25	10	15	91	7	4	1	–	79	1
三重 (25)	47	7	40	62	18	12	11	–	21	0
滋賀 (26)	4	3	1	36	x	x	x	–	x	0
京都 (27)	26	13	13	104	43	6	1	1	53	2
大阪 (28)	5	5	–	296	–	–	28	–	268	–
兵庫 (29)	32	11	21	113	20	12	3	–	78	1
奈良 (30)	19	7	12	27	3	7	16	–	1	0
和歌山 (31)	21	8	13	70	24	17	17	7	5	1
鳥取 (32)	4	2	2	26	26	–	–	–	–	0
島根 (33)	16	9	7	155	125	6	–	7	17	1
岡山 (34)	29	7	22	54	12	38	3	1	–	0
広島 (35)	37	18	19	473	96	221	36	61	59	3
山口 (36)	13	2	11	57	27	30	–	–	–	0
徳島 (37)	25	3	22	58	24	27	5	–	2	0
香川 (38)	8	1	7	x	–	x	–	–	x	0
愛媛 (39)	39	5	34	109	15	82	7	1	4	0
高知 (40)	29	8	21	95	62	31	–	–	2	1
福岡 (41)	21	4	17	77	15	25	2	–	35	1
佐賀 (42)	6	4	2	34	x	x	–	–	x	1
長崎 (43)	6	3	3	39	33	1	2	0	3	0
熊本 (44)	32	9	23	164	68	87	8	–	1	0
大分 (45)	38	1	37	115	13	102	–	–	–	1
宮崎 (46)	37	5	32	138	39	89	10	–	–	0
鹿児島 (47)	28	14	14	100	85	15	–	–	–	3
沖縄 (48)	1	–	1	x	x	–	–	–	–	–

注：針葉樹・広葉樹の計は、解体材・廃材を含まないため合計の計と一致しない。

単位：千t

針葉樹 計	針葉樹 素材（原木）	針葉樹 工場残材 自工場から振り向けたもの	針葉樹 工場残材 他の工場から購入したもの	針葉樹 林地残材	針葉樹 解体材・廃材	広葉樹 計	広葉樹 素材（原木）	広葉樹 工場残材 自工場から振り向けたもの	広葉樹 工場残材 他の工場から購入したもの	広葉樹 林地残材	広葉樹 解体材・廃材	
3,452	**1,285**	**1,811**	**257**	**99**	…	**1,231**	**1,196**	**12**	**17**	**6**	…	(1)
502	250	252	-	-	…	301	296	5	-	-	…	(2)
128	106	16	6	-	…	47	47	0	-	-	…	(3)
114	60	54	-	-	…	146	143	3	-	-	…	(4)
152	52	76	24	-	…	33	33	-	-	-	…	(5)
124	39	40	45	-	…	63	61	2	-	-	…	(6)
43	24	19	-	-	…	22	22	0	-	-	…	(7)
138	75	59	x	x	…	94	94	-	-	-	…	(8)
348	32	314	-	2	…	19	17	-	-	2	…	(9)
82	x	x	-	-	…	27	27	-	-	-	…	(10)
25	15	x	x	-	…	2	2	0	-	-	…	(11)
15	6	4	x	x	…	11	11	-	0	-	…	(12)
16	9	x	x	-	…	21	21	-	-	-	…	(13)
x	x	x	x	-	…	1	-	-	1	-	…	(14)
-	-	-	-	-	…	-	-	-	-	-	…	(15)
x	x	x	1	x	…	x	x	-	-	-	…	(16)
24	10	12	2	-	…	9	9	-	-	-	…	(17)
12	7	x	-	x	…	8	8	-	-	-	…	(18)
8	6	1	0	1	…	1	1	-	-	-	…	(19)
38	37	1	-	-	…	25	25	-	-	-	…	(20)
52	35	15	2	-	…	4	3	0	1	-	…	(21)
64	33	25	5	1	…	3	2	1	-	0	…	(22)
82	26	20	26	10	…	5	3	-	-	2	…	(23)
8	3	4	1	-	…	4	4	-	-	-	…	(24)
37	15	12	10	-	…	4	3	0	1	-	…	(25)
x	x	x	x	-	…	x	x	-	-	-	…	(26)
37	29	6	1	1	…	14	14	-	-	-	…	(27)
28	-	-	28	-	…	-	-	-	-	-	…	(28)
29	14	12	3	-	…	6	6	-	-	-	…	(29)
24	3	7	14	-	…	2	0	-	2	-	…	(30)
61	21	17	16	7	…	4	3	-	1	-	…	(31)
10	10	-	-	-	…	16	16	-	-	-	…	(32)
55	44	6	-	5	…	83	81	0	-	2	…	(33)
46	4	38	3	1	…	8	8	-	-	-	…	(34)
334	27	221	25	61	…	80	69	0	11	-	…	(35)
40	10	30	-	-	…	17	17	-	-	-	…	(36)
44	12	27	5	-	…	12	12	-	-	-	…	(37)
x	-	x	-	-	…	-	-	-	-	-	…	(38)
105	15	82	7	1	…	0	0	-	-	-	…	(39)
90	59	31	-	-	…	3	3	-	-	-	…	(40)
38	11	25	2	-	…	4	4	-	-	-	…	(41)
x	x	x	-	-	…	x	x	-	-	-	…	(42)
15	12	1	2	0	…	21	21	-	-	-	…	(43)
140	45	87	8	-	…	23	23	-	0	-	…	(44)
111	9	102	-	-	…	4	4	-	-	-	…	(45)
117	19	88	10	-	…	21	20	1	-	-	…	(46)
59	44	15	-	-	…	41	41	0	-	-	…	(47)
-	-	-	-	-	…	x	x	-	-	-	…	(48)

イ　木材チップ生産量（続き）

(イ)　専門・兼営区分別、入手区分別生産量

単位：千t

全国・都道府県	木材チップ専門工場						製材又は合単板工場等との兼営					
	計	素材（原木）	工場残材		林地残材	解体材・廃材	計	素材（原木）	工場残材		林地残材	解体材・廃材
			自工場から振り向けたもの	他の工場から購入したもの					自工場から振り向けたもの	他の工場から購入したもの		
全国 (1)	**3,097**	**1,780**	**6**	**203**	**95**	**1,013**	**2,609**	**701**	**1,817**	**71**	**10**	**10**
北海道 (2)	329	319	0	−	−	10	484	227	257	−	−	−
青森 (3)	109	103	−	6	−	−	66	50	16	−	−	−
岩手 (4)	161	161	−	−	−	−	99	42	57	−	−	−
宮城 (5)	107	59	−	24	−	24	102	26	76	−	−	−
秋田 (6)	84	84	−	−	−	−	103	16	42	45	−	−
山形 (7)	41	41	−	−	−	−	24	5	19	−	−	−
福島 (8)	115	115	−	0	−	−	122	54	59	x	x	x
茨城 (9)	60	28	−	−	4	28	335	21	314	−	−	−
栃木 (10)	x	x	−	−	−	x	x	x	x	−	−	−
群馬 (11)	x	x	x	−	−	x	x	x	x	x	−	−
埼玉 (12)	46	17	−	x	x	24	4	−	4	−	−	−
千葉 (13)	x	−	−	x	−	x	x	30	x	−	−	−
東京 (14)	x	x	−	x	−	−	x	−	x	−	−	−
神奈川 (15)	105	−	−	−	−	105	−	−	−	−	−	−
新潟 (16)	x	7	−	1	x	x	x	−	x	−	−	−
富山 (17)	32	19	−	2	−	11	12	−	12	−	−	−
石川 (18)	x	x	−	−	−	−	x	x	x	−	x	−
福井 (19)	27	2	−	−	1	24	6	5	1	0	−	−
山梨 (20)	40	40	−	−	−	−	23	22	1	−	−	−
長野 (21)	41	38	−	3	−	−	16	−	15	−	−	1
岐阜 (22)	29	11	−	5	x	x	52	24	26	0	x	x
静岡 (23)	178	23	−	26	12	117	26	6	20	−	−	−
愛知 (24)	87	7	−	1	−	79	4	0	4	0	−	−
三重 (25)	45	18	−	6	−	21	17	0	12	5	−	−
滋賀 (26)	x	x	−	x	−	x	x	−	x	−	−	−
京都 (27)	98	43	−	1	1	53	6	−	6	−	−	−
大阪 (28)	296	−	−	28	−	268	−	−	−	−	−	−
兵庫 (29)	93	15	−	3	−	75	20	5	12	0	−	3
奈良 (30)	9	−	−	8	−	1	18	3	7	8	−	−
和歌山 (31)	38	23	−	10	−	5	32	1	17	7	7	−
鳥取 (32)	x	x	−	−	−	−	x	x	−	−	−	−
島根 (33)	143	119	−	−	7	17	12	6	6	−	−	−
岡山 (34)	16	12	−	3	1	−	38	−	38	−	−	−
広島 (35)	217	61	0	36	61	59	256	35	221	−	−	−
山口 (36)	x	x	−	−	−	−	x	x	30	−	−	−
徳島 (37)	17	x	x	5	−	2	41	x	x	−	−	−
香川 (38)	x	−	−	−	−	x	x	−	x	−	−	−
愛媛 (39)	29	15	2	7	1	4	80	−	80	−	−	−
高知 (40)	64	62	−	−	−	2	31	−	31	−	−	−
福岡 (41)	42	7	−	0	−	35	35	8	25	2	−	−
佐賀 (42)	x	x	−	−	−	x	x	−	x	−	−	−
長崎 (43)	21	16	−	2	0	3	18	17	1	−	−	−
熊本 (44)	77	68	−	8	−	1	87	−	87	−	−	−
大分 (45)	x	x	−	−	−	−	x	x	102	−	−	−
宮崎 (46)	28	19	−	9	−	−	110	20	89	1	−	−
鹿児島 (47)	59	59	−	−	−	−	41	26	15	−	−	−
沖縄 (48)	−	−	−	−	−	−	x	x	−	−	−	−

(4)　集成材及びＣＬＴ

ア　集成材工場数及び集成材用ラミナ消費量

区分	工場数	集成材用ラミナ消費量								
		合計			自社生産			他社から購入		
		計	国産材	輸入材	計	国産材	輸入材	計	国産材	輸入材
	工場	千m^3	千m^3	千m^3	千m^3	千m^3	千m^3	千m^3	千m^3	千m^3
全　国	165	2,691	1,051	1,640	673	516	157	2,018	535	1,483

イ　集成材生産量及び在庫量

単位：千m^3

区分	生産量											
	合計						国産材					
	計	構造用				その他	計	構造用				その他
		小計	大断面	中断面	小断面			小計	大断面	中断面	小断面	
全　国	1,923	1,852	27	784	1,041	71	667	628	13	64	551	39

区分	生産量（続き）											
	輸入材						混合					
	計	構造用				その他	計	構造用				その他
		小計	大断面	中断面	小断面			小計	大断面	中断面	小断面	
全　国	1,121	1,089	14	607	468	32	135	135	0	113	22	-

区分	年末在庫量
全　国	168

ウ　ＣＬＴ工場数及びＣＬＴ用ラミナ消費量

区分	工場数	ＣＬＴ用ラミナ消費量								
		合計			自社生産			他社から購入		
		計	国産材	輸入材	計	国産材	輸入材	計	国産材	輸入材
	工場	千m^3	千m^3	千m^3	千m^3	千m^3	千m^3	千m^3	千m^3	千m^3
全　国	9	20	20	-	4	4	-	16	16	-

エ　ＣＬＴ生産量及び在庫量

単位：千m^3

区分	生産量			年末在庫量
	合計	構造用	その他	
全　国	14	13	1	1

3　木材価格の動向（月別）

(1)　素材価格（丸太価格）

ア　製材用素材価格

(ｱ)　まつ中丸太（径24.0～28.0cm、長3.65～4.0m、込み）

単位：円／m^3

全国・都道府県	平成30年 1月	2	3	4	5	6	7	8	9	10	11	12
全　国	**13,500**	**13,700**	**13,400**	**13,400**	**12,100**	**12,500**	**11,800**	**11,800**	**12,400**	**12,700**	**12,900**	**13,100**
青　森	10,600	10,600	10,600	9,700	9,700	9,700	10,300	10,300	10,300	9,900	9,900	9,900
岩　手	10,400	10,400	10,400	9,700	9,700	9,700	9,200	9,200	9,200	9,200	9,500	9,500
福　島	10,700	10,000	9,600	9,400	8,800	9,200	9,400	9,400	9,900	9,900	11,600	12,700
長　野	12,900	12,900	12,900	12,900	12,200	12,200	12,200	12,200	12,200	12,000	12,000	12,000
島　根	12,800	13,100	13,100	12,200	11,600	11,000	11,000	11,000	11,300	11,900	11,900	12,500
岡　山	17,200	17,800	16,700	15,600	12,900	12,900	12,900	12,900	14,600	14,600	15,600	15,300
広　島	9,900	11,900	11,900	14,900	10,500	14,000	14,000	14,000	14,000	14,000	14,000	14,000
山　口	16,500	16,500	17,400	17,400	17,400	15,500	15,000	15,000	15,000	17,000	16,000	17,000
愛　媛	21,300	21,500	19,400	21,500	16,200	19,400	x	x	18,300	19,400	19,400	19,400
宮　崎	15,000	15,000	15,300	14,500	13,700	14,700	14,900	14,900	14,500	15,400	15,700	16,300

(ｲ)　すぎ小丸太（径8.0～13.0cm、長3.65～4.0m、込み）

単位：円／m^3

全国・都道府県	平成30年 1月	2	3	4	5	6	7	8	9	10	11	12
全　国	**11,600**	**11,400**	**11,400**	**11,400**	**11,200**	**11,200**	**11,100**	**11,300**	**11,400**	**11,600**	**11,800**	**11,800**
岩　手	9,900	9,900	9,900	10,000	10,000	10,000	10,000	10,200	10,200	10,400	10,700	11,100
宮　城	x	x	x	x	x	x	x	x	x	x	x	x
秋　田	7,600	7,600	7,600	7,600	7,600	7,600	7,600	7,600	7,600	7,600	7,600	7,600
栃　木	x	x	x	x	x	x	x	x	x	x	x	x
岐　阜	7,000	8,800	8,800	9,000	7,200	8,100	7,200	7,200	7,200	7,200	7,200	7,200
三　重	10,600	10,700	10,500	10,800	10,700	10,900	10,700	10,700	11,100	10,700	10,600	11,000
岡　山	x	x	x	x	x	x	x	x	x	x	x	x
徳　島	11,900	11,900	11,900	11,900	11,900	11,900	11,900	11,900	11,900	11,900	11,900	11,900
愛　媛	12,600	12,700	11,800	11,800	12,200	11,400	10,700	11,600	11,900	12,400	12,000	12,000
福　岡	13,800	15,600	14,700	13,000	11,200	11,000	12,200	12,300	12,400	12,800	13,800	12,800
熊　本	15,300	15,300	15,300	15,300	15,200	15,100	14,300	14,400	14,600	14,600	14,600	14,600
大　分	14,400	11,500	12,700	14,100	13,600	13,600	13,000	13,000	13,300	13,600	13,700	14,400
宮　崎	13,000	12,100	12,200	12,200	12,200	12,200	12,600	13,000	13,400	13,400	13,800	13,800

(ウ)　すぎ中丸太（径14.0～22.0cm、長3.65～4.0m、込み）

単位：円／m^3

全国・都道府県	平成30年 1月	2	3	4	5	6	7	8	9	10	11	12
全　国	**14,100**	**13,800**	**13,500**	**13,200**	**13,000**	**12,900**	**13,100**	**13,300**	**13,700**	**14,000**	**14,200**	**14,100**
青　森	11,400	11,400	11,400	11,400	11,400	11,400	11,400	11,400	11,400	11,400	11,400	11,400
岩　手	11,800	11,700	11,700	12,500	12,500	12,500	12,500	12,700	12,800	12,900	13,200	13,500
宮　城	12,200	12,100	12,100	12,500	11,700	11,700	11,400	11,400	11,400	11,700	12,500	13,200
秋　田	11,300	11,400	11,400	11,200	11,100	11,200	11,300	11,300	11,400	11,400	11,500	11,500
山　形	10,800	10,800	11,400	11,400	11,400	11,100	11,100	11,100	11,100	11,000	11,000	11,000
福　島	11,300	11,900	11,600	11,400	12,100	10,800	12,100	10,600	11,300	11,300	12,500	12,500
栃　木	13,000	13,000	13,000	13,000	13,000	13,000	13,000	13,000	13,000	13,500	13,500	13,500
岐　阜	10,800	10,800	10,800	10,800	10,800	9,700	9,900	9,900	9,900	10,900	10,900	10,900
静　岡	12,100	12,100	12,200	12,100	11,900	12,000	13,100	13,200	13,400	13,500	13,500	13,600
三　重	15,800	15,600	15,300	15,300	15,400	15,400	15,300	15,300	15,100	15,300	15,500	15,400
奈　良	12,400	11,900	11,900	11,500	11,500	12,000	12,900	12,900	12,900	13,300	13,300	13,300
岡　山	11,000	10,800	11,000	10,800	10,800	10,800	10,800	11,300	11,300	11,400	11,400	11,200
徳　島	15,200	15,200	15,200	15,200	15,200	15,200	15,200	15,200	15,200	15,200	15,200	15,200
愛　媛	14,500	16,000	15,000	15,000	14,000	14,000	13,500	13,500	13,500	15,000	15,100	14,600
佐　賀	14,500	14,400	14,000	14,300	13,900	13,600	13,400	13,600	14,400	14,600	15,100	15,100
熊　本	16,500	15,800	15,500	15,000	15,000	15,000	14,700	15,500	16,100	16,200	16,000	15,200
大　分	15,900	16,000	15,900	14,800	13,900	14,200	15,100	15,700	15,500	15,900	15,500	15,200
宮　崎	15,400	14,500	13,900	13,300	13,100	13,100	13,300	13,600	14,300	14,800	15,400	15,300
鹿児島	14,600	14,100	13,200	12,900	12,000	11,800	12,100	12,700	13,700	14,200	14,200	14,200

ア　製材用素材価格（続き）

(ｴ)　すぎ中丸太（径24.0～28.0cm、長3.65～4.0m、込み）

単位：円／m^3

全国・都道府県	平成30年 1月	2	3	4	5	6	7	8	9	10	11	12
全国	**15,000**	**14,600**	**14,300**	**14,100**	**13,800**	**13,600**	**13,900**	**14,100**	**14,600**	**14,900**	**15,100**	**15,000**
青森	12,200	12,200	12,200	12,200	12,200	12,200	12,200	12,200	12,200	12,200	12,200	12,200
岩手	13,100	13,000	12,800	13,300	13,200	13,100	13,100	13,200	13,300	13,200	13,400	14,100
宮城	12,000	12,000	12,000	12,500	11,800	11,800	11,800	11,800	11,800	11,800	12,500	13,200
秋田	14,200	14,300	14,300	14,000	13,800	13,900	14,000	14,200	14,100	14,300	14,400	14,500
山形	13,200	13,200	14,000	13,800	14,300	14,000	14,300	14,000	13,800	14,200	13,700	13,300
福島	11,600	11,700	11,800	11,200	10,900	11,000	11,200	10,900	11,500	10,600	12,700	12,700
栃木	15,000	15,000	14,900	14,900	14,900	15,000	15,000	14,900	14,900	15,200	15,600	15,900
新潟	14,700	14,700	13,400	13,700	13,800	13,300	13,300	13,300	14,700	14,700	14,700	14,700
岐阜	12,900	12,900	12,900	12,900	12,900	13,000	12,900	12,900	11,900	13,000	13,100	13,000
静岡	14,300	14,300	14,300	14,300	14,300	14,300	15,600	16,300	16,200	15,900	16,200	16,200
三重	17,900	17,600	17,600	17,000	16,600	16,000	15,300	15,900	16,200	16,800	16,600	16,900
奈良	13,600	13,300	13,300	13,300	13,300	13,800	15,000	15,000	15,100	15,600	15,600	15,600
岡山	11,000	11,000	10,800	10,800	11,200	10,800	10,800	11,300	11,300	11,300	11,300	11,300
徳島	16,200	16,200	16,200	16,200	16,200	16,200	16,200	16,200	16,200	16,200	16,200	16,200
愛媛	16,100	15,900	15,400	15,100	14,900	15,500	15,500	14,600	16,200	16,100	16,500	16,200
福岡	15,700	15,400	15,200	14,700	14,000	13,300	14,100	15,500	15,500	15,900	16,000	16,000
佐賀	14,400	14,300	14,000	14,200	13,900	13,600	13,400	13,600	14,300	14,500	15,000	15,000
熊本	16,900	16,200	16,100	15,400	15,400	15,300	15,400	15,500	16,300	16,300	16,300	15,300
大分	14,600	14,600	14,500	14,300	13,300	12,900	14,000	14,900	15,000	15,000	15,000	14,700
宮崎	15,600	14,500	13,700	13,400	13,300	12,900	13,100	13,200	14,400	15,200	15,400	15,400
鹿児島	14,900	14,100	13,200	12,900	12,000	11,800	12,000	13,200	14,200	14,700	14,700	14,700

(ｵ)　すぎ大丸太（径30.0～36.0cm、長3.65～4.0m、込み）

単位：円／m^3

全国・都道府県	平成30年 1月	2	3	4	5	6	7	8	9	10	11	12
全　国	**14,300**	**14,300**	**13,900**	**13,800**	**13,600**	**13,500**	**13,600**	**13,700**	**13,900**	**14,000**	**14,300**	**14,300**
青　森	11,900	11,900	11,900	11,900	11,900	11,900	11,900	11,900	11,900	11,900	11,900	11,900
岩　手	13,300	13,500	13,300	13,400	13,400	13,500	13,600	13,500	13,500	13,400	13,400	13,900
秋　田	11,900	12,100	12,000	11,800	11,600	11,600	11,700	11,800	11,800	11,800	11,900	12,000
山　形	12,400	12,400	12,900	12,700	13,400	13,400	13,400	13,000	12,700	13,200	12,700	12,200
茨　城	11,400	11,700	11,100	11,300	11,300	11,100	10,800	10,900	11,300	10,900	15,000	15,200
栃　木	15,100	15,100	15,000	15,000	15,000	15,100	15,100	15,000	15,000	15,500	15,600	15,600
新　潟	14,700	19,400	16,700	16,700	17,900	18,900	17,800	19,400	19,400	19,400	19,400	19,400
岐　阜	14,100	14,200	14,000	12,900	13,900	13,900	13,000	12,900	11,800	12,800	14,100	14,100
静　岡	17,100	16,800	16,800	16,800	16,600	16,600	17,500	17,800	18,200	17,900	17,800	18,200
三　重	21,800	21,000	20,500	20,600	20,500	19,400	18,200	18,600	18,800	19,300	19,000	19,400
奈　良	20,800	21,400	21,600	21,600	21,100	21,400	21,600	21,600	21,900	22,000	22,000	21,500
和歌山	15,000	15,000	15,000	15,000	15,000	15,000	15,000	15,000	16,000	16,000	16,100	16,100
岡　山	10,400	10,400	10,300	10,300	10,300	10,300	10,300	10,800	10,800	10,800	10,800	10,800
徳　島	15,600	15,600	15,600	15,600	15,600	15,600	15,600	15,600	15,600	15,600	15,600	15,600
高　知	13,600	14,000	15,000	14,700	14,600	14,000	13,000	13,000	13,000	13,500	14,600	13,500
佐　賀	12,700	12,700	12,700	12,700	12,700	12,700	12,700	12,700	12,700	12,700	12,700	12,700
熊　本	16,500	15,600	15,800	15,400	15,900	15,600	14,900	15,000	15,700	15,700	15,900	15,900
大　分	13,300	13,100	13,100	12,600	12,400	11,600	12,800	13,200	13,400	13,700	13,800	13,300
宮　崎	15,000	14,600	13,500	13,100	12,200	12,200	12,500	12,700	13,200	13,300	13,600	13,600

ア　製材用素材価格（続き）

(ｶ)　ひのき中丸太（径14.0〜22.0cm、長3.65〜4.0m、込み）

単位：円／m^3

全国・都道府県	平成30年 1月	2	3	4	5	6	7	8	9	10	11	12
全　国	**17,400**	**17,800**	**18,400**	**18,400**	**18,300**	**18,000**	**18,000**	**18,200**	**18,400**	**19,000**	**19,400**	**19,400**
福　島	17,000	16,900	18,700	14,400	16,500	16,500	17,500	16,500	16,500	16,800	19,700	19,600
茨　城	18,300	19,700	20,600	20,100	19,900	19,300	19,300	19,300	19,800	20,600	20,800	20,800
栃　木	17,600	18,600	18,600	18,600	18,600	18,600	18,600	18,600	18,700	19,200	19,200	19,300
岐　阜	16,200	16,900	17,300	17,300	17,300	16,900	16,900	16,900	18,100	17,000	17,400	17,100
静　岡	18,500	18,500	18,500	18,900	18,900	18,900	19,900	19,900	20,300	20,200	21,000	21,200
三　重	15,200	15,200	15,000	15,000	14,800	14,700	14,000	14,000	14,000	14,300	14,500	14,500
兵　庫	17,000	17,900	19,400	18,300	18,200	18,400	18,400	20,500	20,500	22,500	22,500	22,500
奈　良	15,000	15,000	14,500	14,500	14,500	14,500	16,000	16,000	16,000	17,500	17,500	17,400
和歌山	15,500	15,500	15,500	16,500	16,500	16,400	16,500	16,500	16,500	16,500	16,500	16,500
岡　山	20,800	20,800	20,600	20,600	20,900	20,800	20,900	21,300	21,300	21,300	21,300	21,300
広　島	x	x	x	x	x	x	x	x	x	x	x	x
愛　媛	19,400	20,400	19,600	19,600	18,100	18,100	17,900	18,700	18,900	21,700	21,700	20,900
高　知	17,300	18,600	18,000	18,400	18,600	17,500	17,800	17,800	17,100	17,300	19,000	18,100
熊　本	20,300	20,100	20,200	20,100	21,300	20,300	19,700	20,000	20,100	20,700	21,100	20,700
大　分	16,600	17,000	16,900	16,500	16,200	15,800	15,000	14,500	15,200	15,200	15,800	17,100
宮　崎	18,400	17,700	17,500	17,000	16,700	16,700	16,700	16,900	17,400	18,100	18,400	19,000

(ｷ)　からまつ中丸太（径14.0〜28.0cm、長3.65〜4.0m、込み）

単位：円／m^3

全国・都道府県	平成30年 1月	2	3	4	5	6	7	8	9	10	11	12
全　国	**11,500**	**11,500**	**11,500**	**11,600**	**11,800**	**11,800**	**11,800**	**11,800**	**11,800**	**11,800**	**12,100**	**12,100**
北海道	10,900	10,900	10,900	11,000	11,200	11,200	11,200	11,200	11,200	11,200	11,500	11,500
岩　手	17,500	17,500	17,500	17,600	17,600	17,700	17,800	17,800	17,900	17,900	17,900	18,000

(ｸ)　えぞ・とどまつ大丸太（径30.0〜38.0cm、長3.65〜4.0m、込み）

単位：円／m^3

全国・都道府県	平成30年 1月	2	3	4	5	6	7	8	9	10	11	12
全　国	**14,600**	**14,900**	**14,900**	**14,900**	**14,900**	**14,900**	**14,900**	**14,900**	**14,900**	**14,900**	**14,900**	**14,900**
北海道	14,600	14,900	14,900	14,900	14,900	14,900	14,900	14,900	14,900	14,900	14,900	14,900

(ケ)　米まつ丸太（径30.0cm上、長6.0m上、№3）

単位：円／m³

全国・都道府県	平成30年 1月	2	3	4	5	6	7	8	9	10	11	12
全国	**28,900**	**38,100**	**39,300**	**40,100**	**40,400**	**42,600**	**40,700**	**37,800**	**44,900**	**45,200**	**42,100**	**42,700**
茨城	37,700	58,800	61,500	65,800	65,800	71,200	65,800	60,300	78,300	78,300	70,000	71,900
広島	22,500	25,000	25,200	23,600	24,100	24,500	24,700	23,100	23,900	24,500	24,400	24,300
山口	30,200	30,900	30,900	31,500	32,300	32,300	32,300	32,300	32,300	32,300	32,300	32,300
愛媛	29,300	29,300	29,300	29,300	29,300	29,300	29,300	29,300	29,300	28,900	28,900	28,100

(コ)　米つが丸太（径30.0cm上、長6.0m上、№3）

単位：円／m³

全国・都道府県	平成30年 1月	2	3	4	5	6	7	8	9	10	11	12
全国	**26,700**	**26,700**	**26,700**	**26,700**	**26,700**	**26,700**	**26,800**	**26,800**	**26,800**	**26,800**	**26,800**	**26,800**
静岡	26,300	26,300	26,300	26,300	26,300	26,300	26,300	26,300	26,300	26,300	26,300	26,300
愛知	x	x	x	x	x	x	x	x	x	x	x	x
愛媛	x	x	x	x	x	x	x	x	x	x	x	x

(サ)　北洋えぞまつ丸太（径20.0～28.0cm、長3.8m上、込み）

単位：円／m³

全国・都道府県	平成30年 1月	2	3	4	5	6	7	8	9	10	11	12
全国	**26,300**	**26,300**	**26,300**	**26,300**	**26,300**	**26,300**	**26,300**	**26,300**	**26,300**	**26,300**	**26,300**	**26,300**
富山	26,300	26,300	26,300	26,300	26,300	26,300	26,300	26,300	26,300	26,300	26,300	26,300

イ　合単板用素材価格

すぎ丸太（径18.0cm上、合板適材）

単位：円／m^3

全国・都道府県	平成30年 1月	2	3	4	5	6	7	8	9	10	11	12
全　　国	**10,900**	**10,900**	**11,000**	**11,000**	**11,000**	**10,900**	**11,000**	**11,000**	**11,000**	**11,100**	**11,100**	**11,300**
岩　　手	9,200	9,500	9,500	9,500	9,500	9,500	9,500	9,500	9,500	9,500	9,500	9,500
宮　　城	11,100	11,000	11,200	11,300	11,200	11,100	11,200	11,200	11,200	11,200	11,200	11,400
秋　　田	10,200	10,200	10,300	10,400	10,400	10,300	10,300	10,300	10,300	10,400	10,400	10,400
石　　川	x	x	x	x	x	x	x	x	x	x	x	x
京　　都	x	x	x	x	x	x	x	x	x	x	x	x
鳥　　取	x	x	x	x	x	x	x	x	x	x	x	x
島　　根	11,900	12,100	12,300	12,100	12,100	11,700	11,900	11,800	12,000	11,900	12,000	12,700
熊　　本	x	x	x	x	x	x	x	x	x	x	x	x

ウ　木材チップ用素材価格

(ア)　針葉樹丸太（チップ向け）

単位：円／m^3

全国・都道府県	平成30年 1月	2	3	4	5	6	7	8	9	10	11	12
全　　国	**6,000**	**6,000**	**6,100**	**6,000**	**6,000**	**6,000**	**6,000**	**6,000**	**6,100**	**6,200**	**6,200**	**6,200**
北 海 道	6,100	6,300	6,300	6,300	6,300	6,300	6,300	6,300	6,300	6,300	6,400	6,400
青　　森	6,400	6,400	6,400	6,400	6,400	6,400	6,400	6,400	6,400	6,400	6,400	6,400
岩　　手	6,400	6,600	6,600	6,600	6,600	6,600	6,600	6,600	6,600	6,600	6,600	6,600
宮　　城	4,900	4,900	4,900	4,900	4,900	5,200	5,200	5,200	5,200	5,200	5,300	5,300
秋　　田	5,800	5,300	5,900	5,900	5,900	5,900	5,900	5,500	6,100	6,600	6,100	6,100
山　　形	4,600	4,600	4,600	4,600	4,600	4,600	4,100	4,100	6,600	6,600	6,600	6,600
福　　島	5,500	5,600	5,600	5,400	5,200	5,400	5,300	5,400	5,400	5,400	5,400	5,300
栃　　木	4,900	4,900	4,900	4,900	4,900	4,900	4,900	4,900	4,900	4,900	4,900	4,900
福　　井	x	x	x	x	x	x	x	x	x	x	x	x
山　　梨	5,100	5,100	5,100	5,100	5,200	5,200	5,200	5,200	5,200	5,200	5,200	5,200
長　　野	5,800	5,900	5,900	5,800	5,800	5,800	5,800	5,800	5,800	5,800	5,800	5,800
京　　都	7,100	7,100	7,100	7,100	7,100	7,100	7,100	7,100	7,100	7,100	7,100	7,100
兵　　庫	5,200	5,200	6,300	6,300	6,300	6,300	6,300	6,000	6,200	6,000	6,100	6,100
島　　根	8,200	9,100	9,200	8,600	9,200	9,000	9,200	9,000	9,500	9,600	9,400	9,300
広　　島	3,200	3,200	3,200	3,200	3,200	3,200	x	x	5,000	5,000	5,000	5,000
高　　知	5,400	5,500	5,600	5,600	5,800	5,700	5,700	5,300	5,500	5,500	5,600	5,600
熊　　本	6,200	6,200	6,600	6,600	6,600	5,900	6,600	6,700	6,600	6,700	6,700	6,900
宮　　崎	7,900	7,900	7,900	7,600	7,600	7,600	7,600	7,600	7,600	7,600	7,700	7,600
鹿 児 島	7,600	7,600	7,600	7,600	7,600	7,600	7,600	7,600	7,600	7,600	7,600	7,600

(ｲ)　広葉樹丸太（チップ向け）

単位：円／m^3

全国・都道府県	平成30年 1月	2	3	4	5	6	7	8	9	10	11	12
全　　国	**9,100**	**9,200**	**9,200**	**9,200**	**9,200**	**9,200**	**9,200**	**9,200**	**9,200**	**9,200**	**9,200**	**9,300**
北 海 道	9,000	9,300	9,300	9,300	9,300	9,300	9,300	9,300	9,300	9,300	9,300	9,300
青　　森	11,500	11,500	11,500	11,500	11,500	11,500	11,500	11,500	11,500	11,500	11,500	11,500
岩　　手	10,500	10,500	10,500	10,400	10,400	10,500	10,500	10,400	10,500	10,500	10,400	10,500
宮　　城	8,100	8,100	8,100	8,100	8,100	8,400	8,400	8,400	8,400	8,500	8,600	8,600
秋　　田	11,400	11,400	11,400	11,400	11,400	11,400	11,400	11,400	11,400	11,600	11,600	11,600
山　　形	9,900	9,900	9,900	9,900	9,900	9,900	9,500	9,500	9,500	9,500	9,500	9,500
福　　島	8,700	8,700	8,700	8,700	8,700	8,600	8,700	8,700	8,600	8,600	8,700	8,700
山　　梨	5,700	5,700	5,700	5,700	5,700	5,700	5,700	5,700	5,700	5,700	5,800	5,800
島　　根	9,700	9,500	9,700	9,700	9,800	9,700	9,600	9,400	9,500	9,300	9,400	9,700
広　　島	5,700	5,700	5,700	5,700	5,700	5,700	x	x	5,900	5,900	5,900	5,900
熊　　本	8,000	8,100	8,000	8,400	8,300	8,500	8,200	8,100	8,400	8,500	8,500	8,500
宮　　崎	8,600	8,600	8,500	8,500	8,500	8,600	8,600	8,500	8,600	8,700	8,300	8,400
鹿 児 島	9,500	9,500	9,500	9,500	9,500	9,500	9,500	9,500	9,500	9,500	9,500	9,500

(2)　木材製品卸売価格

ア　まつ平角（厚10.5～12.0cm、幅24.0cm、長3.65～4.0m、２級）

単位：円／m^3

全国・都道府県	平成30年 1月	2	3	4	5	6	7	8	9	10	11	12
全　　国	**62,200**	**62,200**	**62,200**	**62,200**	**62,200**	**62,200**	**62,200**	**62,200**	**62,200**	**62,200**	**62,200**	**62,200**
東　　京	x	x	x	x	x	x	x	x	x	x	x	x
福　　岡	66,200	66,200	66,200	66,200	66,200	66,200	66,200	66,200	66,200	66,200	66,200	66,200

イ　すぎ正角（厚10.5cm、幅10.5cm、長3.0m、２級）

単位：円／m^3

全国・都道府県	平成30年 1月	2	3	4	5	6	7	8	9	10	11	12
全　　国	**61,100**	**61,100**	**61,100**	**61,100**	**61,100**	**61,100**	**61,100**	**61,100**	**61,100**	**61,100**	**61,600**	**61,600**
千　　葉	51,900	51,900	51,900	51,900	51,900	51,900	51,900	51,900	51,900	51,900	56,100	56,100
東　　京	64,800	64,800	64,800	64,800	64,800	64,800	64,800	64,800	64,800	64,800	64,800	64,800
大　　阪	54,000	54,000	54,000	54,000	54,000	54,000	54,000	54,000	54,000	54,000	54,000	54,000
福　　岡	38,500	38,500	38,500	38,500	38,500	38,500	38,500	38,500	38,500	38,500	38,500	38,500

(2)　木材製品卸売価格（続き）

ウ　すぎ正角（厚12.0cm、幅12.0cm、長3.0m、２級）

単位：円／m^3

全国・都道府県	平成30年 1月	2	3	4	5	6	7	8	9	10	11	12
全　国	**58,600**	**58,600**	**58,600**	**58,600**	**58,600**	**58,600**	**58,600**	**58,600**	**58,600**	**58,600**	**60,500**	**60,500**
千　葉	52,000	52,000	52,000	52,000	52,000	52,000	52,000	52,000	52,000	52,000	56,000	56,000
東　京	64,500	64,500	64,500	64,500	64,500	64,500	64,500	64,500	64,500	64,500	64,500	64,500

エ　すぎ正角（厚10.5cm、幅10.5cm、長3.65～4.0m、２級）

単位：円／m^3

全国・都道府県	平成30年 1月	2	3	4	5	6	7	8	9	10	11	12
全　国	**54,000**	**53,900**	**54,000**	**54,000**	**54,000**	**54,000**	**54,000**	**54,000**	**54,000**	**54,000**	**54,600**	**54,600**
埼　玉	44,000	44,000	44,000	44,000	44,000	44,000	44,000	44,000	44,000	44,000	44,000	44,000
千　葉	46,800	46,700	46,800	46,700	46,700	46,700	46,700	46,700	46,700	46,700	48,800	48,900
東　京	63,400	63,400	63,400	63,400	63,400	63,400	63,400	63,400	63,400	63,400	63,400	63,400
神奈川	54,400	54,400	54,700	54,700	54,700	54,700	54,700	54,700	54,700	54,700	54,700	54,700
福　岡	43,200	43,200	43,200	43,200	43,200	43,200	43,200	43,200	43,200	43,200	43,200	43,200

オ　すぎ正角・乾燥材（厚10.5cm、幅10.5cm、長3.0m、２級）

単位：円／m^3

全国・都道府県	平成30年 1月	2	3	4	5	6	7	8	9	10	11	12
全　国	**66,300**	**66,300**	**66,300**	**66,300**	**66,300**	**66,300**	**66,300**	**66,300**	**66,900**	**67,000**	**67,000**	**67,000**
埼　玉	60,600	60,600	60,500	60,400	60,400	60,400	60,400	60,500	63,000	63,100	63,100	63,000
千　葉	67,500	67,000	67,000	67,000	67,000	66,600	66,600	66,600	67,000	66,600	67,500	67,500
東　京	75,500	75,500	75,500	75,500	75,500	75,500	75,500	75,500	75,500	75,500	75,500	75,500
神奈川	67,200	67,200	67,200	67,200	68,100	68,100	68,100	68,100	68,100	69,000	69,000	69,900
愛　知	68,000	68,000	68,400	68,400	68,400	67,300	67,300	67,300	67,300	67,300	67,300	67,300
大　阪	69,400	69,400	69,600	69,600	69,600	69,600	69,600	69,600	69,400	69,600	69,600	69,600
兵　庫	74,900	74,900	75,000	75,000	75,000	75,000	75,000	75,000	75,000	75,000	75,000	75,000
福　岡	60,300	60,300	60,300	60,300	60,300	60,300	60,300	60,300	60,300	60,300	60,300	60,300

カ　すぎ正角・乾燥材（厚12.0cm、幅12.0cm、長3.0m、２級）

単位：円／m^3

全　国・都道府県	平成30年 1月	2	3	4	5	6	7	8	9	10	11	12
全　国	**68,800**	**68,700**	**68,700**	**68,600**	**68,600**	**68,500**	**68,600**	**68,600**	**69,100**	**69,100**	**69,100**	**69,100**
埼　玉	61,100	61,100	60,800	60,600	60,600	60,600	60,800	61,000	62,700	62,700	62,700	62,600
千　葉	68,700	68,500	68,500	68,500	68,500	68,500	68,300	68,300	68,500	68,300	68,700	68,700
東　京	75,500	75,500	75,500	75,500	75,500	75,500	75,500	75,500	75,500	75,500	75,500	75,500
神奈川	67,400	67,400	67,400	67,300	68,300	68,300	68,300	68,300	68,300	69,200	69,200	70,200
愛　知	59,400	59,400	59,400	59,400	59,400	57,400	57,400	57,400	57,400	57,400	57,400	57,400
大　阪	68,400	68,400	68,400	68,400	68,400	67,700	67,700	67,700	67,700	68,400	68,400	68,400
兵　庫	75,000	75,000	75,000	75,000	75,000	75,000	75,000	75,000	75,000	75,000	75,000	75,000
福　岡	59,400	59,400	59,400	59,400	59,400	59,400	59,400	59,400	59,400	59,400	59,400	59,400

キ　ひのき正角（厚10.5cm、幅10.5cm、長3.0m、２級）

単位：円／m^3

全　国・都道府県	平成30年 1月	2	3	4	5	6	7	8	9	10	11	12
全　国	**76,700**	**76,700**	**76,700**	**76,700**	**76,700**	**76,600**	**76,600**	**76,600**	**76,400**	**76,400**	**76,400**	**76,500**
千　葉	72,500	72,500	72,500	72,500	72,500	72,500	72,500	72,500	72,500	72,500	72,500	72,500
東　京	91,800	91,800	91,800	91,800	91,800	91,800	91,800	91,800	91,800	91,800	91,800	91,800
愛　知	79,200	79,200	79,200	79,200	79,200	78,900	78,900	78,900	78,900	78,900	78,900	78,900
大　阪	67,300	67,300	67,300	67,300	67,300	67,300	67,300	67,300	66,300	66,300	66,300	66,900
兵　庫	70,200	70,200	70,200	70,600	70,600	70,600	70,600	70,600	70,600	70,600	70,600	69,800
福　岡	50,000	50,000	50,000	50,000	50,000	50,000	50,000	50,000	50,000	50,000	50,000	50,500

ク　ひのき正角（厚12.0cm、幅12.0cm、長3.0m、２級）

単位：円／m^3

全　国・都道府県	平成30年 1月	2	3	4	5	6	7	8	9	10	11	12
全　国	**73,100**	**73,100**	**73,100**	**73,100**	**73,100**	**73,000**	**73,000**	**73,000**	**73,000**	**73,000**	**73,000**	**73,000**
千　葉	x	x	x	x	x	x	x	x	x	x	x	x
東　京	91,800	91,800	91,800	91,800	91,800	91,800	91,800	91,800	91,800	91,800	91,800	91,800
愛　知	68,700	68,700	68,700	68,700	68,700	68,300	68,300	68,300	68,300	68,300	68,300	68,300
兵　庫	70,200	70,200	70,200	70,800	70,800	70,800	70,800	70,800	70,800	70,800	70,800	69,600

(2)　木材製品卸売価格（続き）

ケ　ひのき正角（厚10.5cm、幅10.5cm、長3.65～4.0m、２級）

単位：円／m³

全国・都道府県	平成30年 1月	2	3	4	5	6	7	8	9	10	11	12
全　国	**75,400**	**75,400**	**75,400**	**75,400**	**75,400**	**75,200**	**75,200**	**75,200**	**75,200**	**75,200**	**75,200**	**75,300**
東　京	91,800	91,800	91,800	91,800	91,800	91,800	91,800	91,800	91,800	91,800	91,800	91,800
神奈川	64,800	64,800	64,800	64,800	64,800	64,800	64,800	64,800	64,800	64,800	64,800	64,800
愛　知	76,400	76,400	76,400	76,400	76,400	75,800	75,800	75,800	75,800	75,800	75,800	75,800
大　阪	68,800	68,800	68,800	68,800	68,800	68,800	68,800	68,800	68,800	68,800	68,800	69,100
兵　庫	70,300	70,300	70,300	70,300	70,300	70,300	70,200	70,200	70,200	70,200	70,200	70,200
福　岡	48,900	48,900	48,900	48,900	48,900	48,900	48,900	48,900	48,900	48,900	48,900	49,100

コ　ひのき正角・乾燥材（厚10.5cm、幅10.5cm、長3.0m、２級）

単位：円／m³

全国・都道府県	平成30年 1月	2	3	4	5	6	7	8	9	10	11	12
全　国	**85,500**	**85,500**	**85,500**	**85,500**	**85,500**	**85,500**	**85,500**	**85,600**	**85,600**	**85,600**	**85,600**	**85,700**
埼　玉	79,500	79,500	79,500	79,500	79,500	79,500	79,500	79,500	79,500	79,500	79,500	79,500
千　葉	93,100	93,100	93,100	93,100	93,100	93,100	93,100	93,100	93,100	93,100	93,100	93,100
東　京	97,200	97,200	97,200	97,200	97,200	97,200	97,100	97,100	97,100	97,200	97,200	97,200
神奈川	76,100	76,100	76,300	76,300	76,300	76,300	76,300	76,300	76,300	76,300	76,300	76,300
愛　知	93,000	93,000	93,000	93,000	93,000	93,000	93,000	93,000	93,000	93,000	93,000	93,000
大　阪	80,900	80,900	80,900	80,900	80,900	80,900	80,900	80,900	80,900	80,900	80,900	80,900
兵　庫	83,200	83,200	83,200	83,200	83,200	83,200	83,200	83,500	83,500	83,500	83,500	84,100

サ　ひのき正角・乾燥材（厚12.0cm、幅12.0cm、長3.0m、２級）

単位：円／m³

全国・都道府県	平成30年 1月	2	3	4	5	6	7	8	9	10	11	12
全　国	**87,000**	**87,000**	**86,800**	**86,800**	**86,800**	**86,800**	**86,800**	**86,900**	**86,900**	**86,900**	**86,900**	**87,000**
埼　玉	78,100	78,100	78,100	78,100	78,100	78,100	78,100	78,100	78,100	78,100	78,100	78,100
東　京	97,100	97,100	97,100	97,100	97,100	97,100	96,900	96,900	96,900	97,100	97,100	97,100
神奈川	77,100	77,100	77,500	77,500	77,500	77,500	77,500	77,500	77,500	77,500	77,500	77,500
愛　知	91,000	91,000	91,000	91,000	91,000	91,000	91,000	91,000	91,000	91,000	91,000	91,000
兵　庫	86,100	86,100	84,900	84,900	84,900	84,800	84,800	85,400	85,400	85,400	85,400	85,700

シ　えぞ・とどまつ正角（厚10.5cm、幅10.5cm、長3.65～4.0m、２級）

単位：円／m^3

全　国・都道府県	平成30年 1月	2	3	4	5	6	7	8	9	10	11	12
全　国	**58,500**	**58,500**	**58,500**	**58,500**	**60,400**	**60,400**	**60,400**	**60,400**	**60,400**	**60,500**	**60,500**	**60,500**
北 海 道	58,500	58,500	58,500	58,500	60,400	60,400	60,400	60,400	60,400	60,500	60,500	60,500

ス　えぞ・とどまつ板（厚1.2～1.5cm、幅21.0～24.0cm、長3.65～4.0m、１級）

単位：円／m^3

全　国・都道府県	平成30年 1月	2	3	4	5	6	7	8	9	10	11	12
全　国	**55,900**	**55,900**	**55,900**	**55,900**	**55,900**	**55,900**	**55,900**	**55,900**	**55,900**	**55,900**	**55,900**	**55,900**
北 海 道	55,900	55,900	55,900	55,900	55,900	55,900	55,900	55,900	55,900	55,900	55,900	55,900

セ　米まつ平角（厚10.5～12.0cm、幅24.0cm、長3.65～4.0m、２級）

単位：円／m^3

全　国・都道府県	平成30年 1月	2	3	4	5	6	7	8	9	10	11	12
全　国	**64,700**	**64,900**	**65,200**	**66,400**	**66,500**	**66,600**	**66,600**	**66,600**	**66,600**	**66,600**	**66,600**	**66,600**
埼　玉	71,200	71,300	73,000	73,000	73,000	73,000	73,000	73,000	73,000	72,900	72,900	72,900
東　京	83,200	83,200	83,200	83,200	83,200	83,200	83,200	83,200	83,200	83,200	83,200	83,200
愛　知	71,100	71,200	71,200	71,300	71,300	72,000	72,000	72,000	72,000	72,000	72,000	72,000
大　阪	59,900	59,900	59,900	59,900	59,900	59,900	59,900	59,900	59,900	59,900	59,900	59,900
兵　庫	60,800	60,800	60,800	63,400	63,600	63,600	63,600	63,600	63,600	63,600	63,600	63,600
広　島	59,700	61,700	61,700	61,700	61,700	61,700	61,700	61,700	61,700	61,700	61,700	61,700
福　岡	48,100	48,100	48,100	48,100	48,100	48,100	48,100	48,100	48,100	48,100	48,100	48,100

(2)　木材製品卸売価格（続き）

ソ　米つが正角・防腐処理材（厚12.0cm、幅12.0cm、長4.0m、２級）

単位：円／m^3

全国・都道府県	平成30年 1月	2	3	4	5	6	7	8	9	10	11	12
全　国	**82,000**	**82,100**	**82,300**	**82,300**	**82,600**	**82,600**	**82,800**	**82,800**	**82,800**	**82,800**	**82,800**	**82,900**
東　京	83,200	83,200	83,200	83,200	83,200	83,200	83,200	83,200	83,200	83,200	83,200	83,200
神奈川	72,900	73,600	75,600	75,600	78,300	78,300	79,700	79,700	79,900	79,900	79,900	80,600

タ　米つが正角・防腐処理材・乾燥材（厚12.0cm、幅12.0cm、長4.0m、２級）

単位：円／m^3

全国・都道府県	平成30年 1月	2	3	4	5	6	7	8	9	10	11	12
全　国	**90,500**	**90,500**	**90,500**	**90,500**	**90,500**	**90,500**	**90,500**	**90,500**	**90,500**	**90,500**	**90,500**	**90,500**
東　京	x	x	x	x	x	x	x	x	x	x	x	x
愛　知	x	x	x	x	x	x	x	x	x	x	x	x

チ　北洋えぞまつ板（厚1.2～1.5cm、幅15.0cm、長3.65～4.0m、１級）

単位：円／m^3

全国・都道府県	平成30年 1月	2	3	4	5	6	7	8	9	10	11	12
全　国	**x**	**x**	**x**	**x**	**x**	**x**	**x**	**x**	**x**	**x**	**x**	**x**
東　京	x	x	x	x	x	x	x	x	x	x	x	x

ツ　針葉樹合板（厚1.2cm、幅91.0cm、長1.82m、１類）

単位：円／枚

全国・都道府県	平成30年 1月	2	3	4	5	6	7	8	9	10	11	12
全　国	**1,270**	**1,270**	**1,290**	**1,290**	**1,290**	**1,290**	**1,290**	**1,290**	**1,290**	**1,290**	**1,290**	**1,290**
埼　玉	1,200	1,200	1,230	1,230	1,230	1,230	1,230	1,230	1,230	1,230	1,230	1,230
東　京	1,360	1,360	1,380	1,380	1,380	1,380	1,380	1,380	1,380	1,380	1,380	1,380
大　阪	1,150	1,150	1,150	1,160	1,160	1,170	1,170	1,170	1,160	1,150	1,150	1,150

テ　ホワイトウッド集成管柱（厚10.5cm、幅10.5cm、長3.0m、１等）

単位：円／本

全国・都道府県	平成30年 1月	2	3	4	5	6	7	8	9	10	11	12
全国	**2,500**	**2,500**	**2,500**	**2,500**	**2,500**	**2,500**	**2,500**	**2,500**	**2,500**	**2,500**	**2,500**	**2,500**
東京	x	x	x	x	x	x	x	x	x	x	x	x
愛知	2,500	2,500	2,500	2,500	2,500	2,500	2,500	2,500	2,500	2,500	2,500	2,500
大阪	2,400	2,400	2,400	2,400	2,400	2,400	2,400	2,400	2,400	2,400	2,400	2,400

(3)　木材チップ価格

ア　針葉樹（パルプ向け）

単位：円／t

全国・都道府県	平成30年 1月	2	3	4	5	6	7	8	9	10	11	12
全国	**13,900**	**13,900**	**14,000**	**14,000**	**14,000**	**14,000**	**14,000**	**14,000**	**14,100**	**14,100**	**14,200**	**14,300**
北海道	13,200	13,200	13,200	13,200	13,300	13,300	13,300	13,300	13,300	13,300	13,300	13,300
青森	12,800	12,800	12,800	12,800	12,800	12,800	12,900	13,000	13,000	13,000	13,000	13,000
岩手	15,300	15,300	15,300	15,300	15,300	15,300	15,300	15,500	15,500	15,800	15,800	15,800
宮城	17,200	17,200	17,200	17,700	17,700	18,100	18,100	18,100	18,100	18,300	18,500	18,500
秋田	14,800	15,000	15,000	15,000	15,000	14,800	14,700	14,700	14,700	15,200	15,400	15,500
福島	16,500	16,500	16,500	16,500	16,500	16,500	16,500	16,500	16,500	16,500	16,800	17,500
茨城	6,700	6,700	6,700	6,700	6,700	6,700	6,700	6,700	6,700	6,700	7,100	7,100
栃木	11,600	11,600	11,600	11,600	11,600	11,600	11,600	11,600	11,600	11,600	11,600	11,600
富山	21,900	21,900	22,000	22,000	22,000	22,000	22,000	22,000	22,000	22,000	22,000	22,000
静岡	17,400	17,400	17,400	17,400	17,400	17,400	17,400	17,400	17,400	17,400	17,500	17,500
京都	19,500	19,500	19,500	19,500	19,500	19,500	19,500	19,500	19,500	19,500	19,500	19,500
兵庫	16,800	16,800	16,800	16,800	16,800	16,800	16,800	16,800	16,800	16,800	16,800	16,800
岡山	14,100	14,100	14,100	14,100	14,100	14,100	14,100	14,100	14,100	14,100	14,100	14,100
広島	12,700	12,700	12,700	12,700	12,600	12,600	12,600	12,600	13,300	13,300	13,300	13,300
徳島	x	x	x	x	x	x	x	x	x	x	x	x
愛媛	12,600	12,600	12,600	12,600	12,600	12,600	12,600	12,600	12,600	12,600	12,600	12,600
高知	17,300	17,600	17,600	17,600	17,600	17,600	17,600	17,600	17,600	17,600	17,600	17,600
熊本	16,400	16,400	17,500	17,500	17,500	17,500	17,500	17,500	17,500	17,500	17,500	17,500
大分	12,200	12,200	12,200	12,200	12,200	12,200	12,200	12,200	12,200	12,200	12,200	12,200
宮崎	10,900	10,900	10,900	10,900	10,900	10,900	10,900	10,900	10,900	10,900	10,900	10,900
鹿児島	x	x	x	x	x	x	x	x	x	x	x	x

(3)　木材チップ価格（続き）
イ　広葉樹（パルプ向け）

単位：円／t

全国・都道府県	平成30年 1月	2	3	4	5	6	7	8	9	10	11	12
全　国	**18,600**	**18,600**	**18,600**	**18,700**	**18,700**	**18,700**	**18,700**	**18,700**	**18,800**	**18,800**	**18,900**	**18,900**
北海道	19,800	19,800	19,800	19,800	19,800	19,800	19,800	19,800	19,800	19,800	19,800	19,800
青　森	17,300	17,300	17,300	17,300	17,300	17,300	17,300	17,300	17,300	17,300	17,300	17,200
岩　手	18,300	18,300	18,300	18,300	18,300	18,300	18,300	18,300	18,300	18,500	18,500	18,500
宮　城	18,600	18,600	18,600	18,600	18,600	18,600	18,600	18,600	18,600	18,800	18,900	18,900
秋　田	19,300	19,300	19,300	19,700	19,700	19,700	19,700	19,700	19,700	19,900	19,900	19,900
山　形	x	x	x	x	x	x	x	x	x	x	x	x
福　島	18,200	18,200	18,200	18,200	18,200	18,200	18,200	18,200	18,200	18,200	18,400	18,800
栃　木	15,100	15,100	15,100	15,100	15,100	15,100	15,100	15,100	15,100	15,100	15,100	15,100
山　梨	15,500	15,500	15,500	15,500	15,500	15,500	15,500	15,500	15,500	15,500	15,500	15,500
島　根	20,300	20,500	20,500	20,500	20,500	20,500	20,500	20,500	20,500	20,500	20,500	20,500
広　島	19,200	19,200	19,200	19,200	19,200	19,200	x	x	20,400	20,400	20,400	20,400
熊　本	20,600	20,600	20,600	20,600	20,600	20,600	20,600	20,600	20,600	20,600	20,600	20,600
宮　崎	18,700	18,800	18,800	18,800	19,300	19,300	19,400	19,300	19,300	19,400	19,300	19,300
鹿児島	15,400	15,400	15,400	15,400	15,400	15,400	15,400	15,400	15,400	15,400	15,400	15,400

〔関　連　統　計〕

1　所有形態別林野面積

単位：千ha

区　分	林野面積	現況森林面積	森林以外の草生地
総数	24,802	24,433	370
国有林	7,176	7,052	124
林野庁所管	7,037	7,004	33
林野庁以外の所管	138	48	90
民有林	17,627	17,381	246
独立行政法人等	693	690	2
公有林	3,370	3,318	52
都道府県	1,272	1,267	5
森林整備法人	391	391	0
市区町村	1,406	1,366	41
財産区	302	295	7
私有林	13,564	13,373	191

資料：農林水産省統計部『2015年農林業センサス』

2　木材輸入量

単位：千m^3

年　次	計	1）米材	2）南洋材	3）北洋材	ﾆｭｰｼﾞｰﾗﾝﾄﾞ材	その他
丸太						
平成26年	4,152	3,109	267	214	534	27
27	3,450	2,622	233	147	422	25
28	3,652	2,832	210	155	432	23
29	3,266	2,586	141	137	378	24
30	**3,278**	**2,574**	**157**	**141**	**382**	**24**
製材品						
平成26年	6,249	2,330	117	779	80	2,943
27	5,997	2,305	103	775	74	2,738
28	6,315	2,209	97	887	69	3,053
29	6,323	2,167	90	850	66	3,150
30	**5,968**	**2,034**	**81**	**852**	**66**	**2,935**

注：財務省『貿易統計』を基に農林水産省統計部で以下の区分により集計した数値である。
1)は、米国及びカナダから輸入された材である。
2)は、インドネシア、マレーシア、パプアニューギニア、ソロモン諸島、フィリピン、シンガポール及びブルネイの7か国から輸入された材である。
3)は、ロシアから輸入された材である。

3 木材チップの国別輸入量

単位：千t

年次	計	オーストラリア	南アフリカ共和国	チリ	米国	ブラジル	ベトナム	その他
平成26年	11,656	2,323	1,113	2,033	660	819	2,498	2,210
27	11,904	2,553	1,199	1,812	639	599	3,037	2,064
28	11,900	2,235	1,546	2,033	663	725	2,750	1,948
29	12,170	2,633	1,433	1,979	800	585	2,735	2,005
30	**12,449**	**2,618**	**1,185**	**1,867**	**836**	**806**	**3,323**	**1,814**

資料：財務省『貿易統計』

4 合板の国別輸入量

単位：千m^3

年次	計	合板							ブロックボード等
		小計	マレーシア	インドネシア	中国	カナダ	ニュージーランド	その他	
平成26年	3,490	2,844	1,423	951	271	5	33	160	646
27	2,885	2,274	1,164	779	179	2	14	136	611
28	2,770	2,156	1,040	822	141	1	13	138	614
29	2,883	2,242	1,161	783	135	1	9	153	641
30	**2,898**	**2,275**	**1,034**	**883**	**144**	**0**	**7**	**207**	**623**

資料：財務省『貿易統計』

5 国内製造集成材の用途別生産量

単位：千m^3

年次	計	造作用			構造用				
		小計	無垢	化粧ばり	小計	化粧ばり柱	大断面	中断面	小断面
平成25年	1,647	153	82	72	1,493	6	33	783	671
26	1,555	146	82	64	1,409	4	41	719	646
27	1,485	138	83	55	1,347	4	37	705	600
28	1,549	129	79	50	1,420	3	36	724	658
29	**1,687**	**120**	**77**	**43**	**1,567**	**2**	**33**	**787**	**745**

資料：日本集成材工業協同組合調べ

6 構造用集成材の国別輸入量

単位：千m^3

年 次	計	オーストリア	中 国	フィンランド	スウェーデン	ロシア	ドイツ	その他
平成26年	728	136	56	233	51	43	16	193
27	705	107	17	242	44	52	14	229
28	772	111	21	284	30	55	14	257
29	867	116	31	354	17	59	24	266
30	**813**	**115**	**27**	**313**	**21**	**60**	**19**	**258**

資料：財務省『貿易統計』

7 素材（丸太）の国別輸出量

単位：千m^3

年 次	計	中 国	台 湾	韓 国	その他
平成26年	521	312	107	98	3
27	692	470	75	144	3
28	650	480	61	103	6
29	970	776	55	133	6
30	**1,137**	**928**	**75**	**123**	**11**

資料：財務省『貿易統計』

8 国内企業物価指数

平成27年 ＝ 100

年 次	国内企業物価指数（総平均）	木材・木製品	製 材	木 材 チップ	合 板		
					計	普通合板	特殊合板
平成26年	102.4	101.5	…	…	…	112.1	98.5
27	100.0	100.0	100.0	100.0	100.0	100.0	100.0
28	96.5	100.7	98.3	110.0	106.0	109.1	99.6
29	98.7	102.8	100.1	107.6	110.8	116.5	98.6
30	**101.3**	**105.4**	**103.4**	**108.5**	**116.5**	**119.8**	**109.7**

資料：日本銀行『物価指数年報』

9　住宅着工統計

(1)　新設住宅の戸数　　　　(2)　新築住宅の床面積

単位：戸　　　単位：千m²

年次・月	総戸数			利用関係別				(2) 新築住宅の床面積	
	計	木造住宅	非木造	持家	貸家	給与住宅	分譲住宅	計	木造
平成26年	892,261	489,463	402,798	285,270	362,191	7,372	237,428	75,681	48,068
27	909,299	504,318	404,981	283,366	378,718	6,014	241,201	75,059	48,279
28	967,237	546,336	420,901	292,287	418,543	5,875	250,532	78,183	50,992
29	964,641	545,366	419,275	284,283	419,397	5,770	255,191	77,515	50,346
30	**942,370**	**539,394**	**402,976**	**283,235**	**396,404**	**7,468**	**255,263**	**75,309**	**50,144**
平成30年1月	66,358	38,962	27,396	20,257	28,251	402	17,448	5,325	3,594
2	69,071	38,340	30,731	20,013	29,420	615	19,023	5,444	3,542
3	69,616	39,736	29,880	20,576	29,750	271	19,019	5,600	3,718
4	84,226	45,213	39,013	23,289	35,447	586	24,904	6,696	4,240
5	79,539	43,399	36,140	23,321	31,083	1,191	23,944	6,415	4,122
6	81,275	46,283	34,992	25,148	34,884	962	20,281	6,510	4,362
7	82,615	46,932	35,683	25,447	35,847	436	20,885	6,590	4,379
8	81,860	47,010	34,850	24,420	35,457	658	21,325	6,450	4,338
9	81,903	48,404	33,499	24,873	35,350	616	21,064	6,478	4,397
10	83,330	50,211	33,119	25,949	35,225	762	21,394	6,690	4,607
11	84,213	48,089	36,124	25,527	34,902	564	23,220	6,768	4,491
12	78,364	46,815	31,549	24,415	30,788	405	22,756	6,343	4,353

資料：国土交通省『建築着工統計』

(3)　プレハブ及び枠組壁工法の新設住宅戸数

単位：戸

年次	プレハブ				ツーバイフォー（枠組壁工法）
	計	木造	鉄筋コンクリート造	鉄骨造	
平成26年	140,501	14,966	3,419	122,116	111,503
27	143,549	14,344	4,259	124,946	114,617
28	148,528	13,991	3,886	130,651	123,713
29	139,012	13,303	2,202	123,507	120,059
30	**131,496**	**12,533**	**2,022**	**116,941**	**116,988**

資料：国土交通省『建築着工統計』

10　紙・パルプ工業

(1)　紙・パルプ工業生産指数

平成27年 ＝ 100

年　次	鉱工業	パルプ・紙・紙加工品工業				
			パルプ	紙	板紙	紙加工品
平成26年	101.2	99.4	102.6	101.9	99.6	94.4
27	100.0	100.0	100.0	100.0	100.0	100.0
28	100.0	100.6	99.0	99.4	101.6	102.4
29	103.1	102.2	100.2	98.1	104.5	107.5
30	**104.2**	**100.3**	**98.9**	**94.0**	**105.4**	**106.5**

資料：経済産業省『鉱工業指数』

(2)　パルプ材消費量

単位：m^3

年　次	計	国産材			輸入材		
		小計	原木	チップ	小計	原木	チップ
平成26年	29,563,085	9,571,753	305,598	9,266,155	19,991,332	−	19,991,332
27	29,220,863	9,194,468	294,350	8,900,118	20,026,395	−	20,026,395
28	29,049,595	9,275,268	290,721	8,984,547	19,774,327	−	19,774,327
29	29,722,509	9,497,891	275,909	9,221,982	20,224,618	−	20,224,618
30	**29,292,075**	**8,802,429**	**273,507**	**8,528,922**	**20,489,646**	−	**20,489,646**

資料：経済産業省『経済産業省生産動態統計年報　紙・印刷・プラスチック製品・ゴム製品統計編』

(3)　パルプ生産量

単位：t

年　次	製紙パルプ					
	計	クラフト	サーモメカニカル	リファイナーグラウンド	砕木	その他製紙パルプ
平成26年	8,951,726	8,282,290	421,325	127,641	97,713	22,757
27	8,727,455	8,114,762	362,555	130,200	93,527	26,411
28	8,637,496	8,029,804	355,746	139,077	89,131	23,738
29	8,741,567	8,168,819	336,068	125,880	87,808	22,992
30	**8,627,289**	**8,059,347**	**316,933**	**137,012**	**90,325**	**23,672**

資料：経済産業省『経済産業省生産動態統計年報　紙・印刷・プラスチック製品・ゴム製品統計編』

(4)　紙・パルプ輸入量

単位：t

年次	パルプ				紙・板紙
	計	溶解用パルプ	製紙用パルプ	その他	
平成26年	1,783,082	120,647	1,646,722	15,713	2,026,760
27	1,715,278	100,478	1,596,102	18,698	1,846,223
28	1,660,460	108,325	1,537,950	14,185	1,661,366
29	1,813,513	115,884	1,680,720	16,909	1,625,854
30	**1,712,605**	**127,597**	**1,566,505**	**18,503**	**1,335,094**

資料：財務省『貿易統計』

(5)　紙・板紙生産量

単位：千t

年次	紙・板紙計	紙						板紙			
		小計	新聞巻取紙	印刷・情報用紙	包装用紙	衛生用紙	雑種紙	小計	段ボール原紙	白板紙	その他
平成26年	26,479	15,118	3,134	8,491	905	1,767	821	11,360	9,096	1,445	820
27	26,228	14,830	2,985	8,384	891	1,766	804	11,398	9,187	1,424	788
28	26,275	14,706	2,906	8,309	877	1,807	807	11,569	9,364	1,435	770
29	26,512	14,581	2,779	8,242	896	1,786	877	11,931	9,682	1,455	795
30	**26,056**	**14,008**	**2,594**	**7,871**	**897**	**1,776**	**870**	**12,048**	**9,765**	**1,474**	**809**

資料：経済産業省『経済産業省生産動態統計年報　紙・印刷・プラスチック製品・ゴム製品統計編』

(6)　段ボール生産量、消費数量及び販売量

単位：千m^2

年次	生産量	消費数量（次工程投入）	販売量
平成26年	11,872,065	8,642,050	3,191,774
27	11,965,293	8,801,032	3,121,519
28	12,172,567	9,048,144	3,082,686
29	12,374,659	9,276,163	3,068,649
30	**12,537,404**	**9,485,040**	**3,013,693**

資料：経済産業省『経済産業省生産動態統計年報　紙・印刷・プラスチック製品・ゴム製品統計編』

11　繊維板及びパークティクルボードの生産量

単位：千m^2

年　次	生産量	
	繊維板	パーティクルボード
平成26年	114,128	70,433
27	108,262	70,565
28	109,769	72,665
29	112,384	73,331
30	**107,562**	**72,457**

資料：経済産業省『経済産業省生産動態統計年報　資源・窯業・建材統計編』

12　プレハブ建築用パネル生産量

単位：千m^2

年　次	計	コンクリート系パネル	軽量鉄骨系パネル	木質系パネル
平成26年	17,766	873	6,980	9,913
27	17,956	815	7,049	10,092
28	17,423	842	6,882	9,699
29	17,236	753	6,858	9,625
30	**15,181**	**616**	**6,179**	**8,386**

資料：経済産業省『経済産業省生産動態統計年報　資源・窯業・建材統計編』

13　金属製建具生産量

単位：t

年　次	アルミニウムサッシ	アルミニウムドア	アルミニウムエクステリア	スチール又はステンレスドア	スチール又はステンレスシャッター
平成26年	188,097	22,338	119,785	66,921	100,812
27	175,265	21,151	106,216	63,684	101,005
28	171,848	20,883	101,706	60,907	97,138
29	167,577	21,403	103,248	62,502	99,498
30	**162,230**	**20,374**	**106,548**	**62,579**	**105,196**

資料：経済産業省『経済産業省生産動態統計年報　資源・窯業・建材統計編』

〔付〕調　査　票

秘
農林水産省

統計法に基づく基幹統計
木　　材　　統　　計

政府統計

統計法に基づく国の統計調査です。調査票情報の秘密の保護に万全を期します。

平成　年木材統計調査基礎調査票

平成　年12月31日現在調査

〔　この調査は、平成　年12月31日現在で操業している工場及び休業中であってもその休業期間が12月31日から遡って３か月未満の工場は対象とします。
　また、記入していただく内容は、全て過去１年間（　年１月～12月）についてです。〕

この調査票は、統計以外の目的には使用しませんので、ありのままを記入してください。

－記入のしかた－
○記入には黒の鉛筆又はシャープペンシルを使用し、間違えた場合は消しゴムできれいに消してください。
○数字で記入する欄は、下記の例のように、枠からはみださないように、右づめで書いてください。

記入例	0	1	2	3	4	5	6	7	8	9

整理番号	調査年	都道府県番号	管理番号	市区町村番号	工場番号	集計区分	兼営区分	工場類型
	20							

【調査に関する連絡先】
　調査及び調査票の記入に当たって、御不明な点などがありましたら、下記にお問い合わせください。

調査員氏名	調査員の電話番号
農林水産省　　地方農政局等 〒	担当者名
	電話番号

調査票の内容についてお答えできる方を記入してください。　法人番号を確認いただき、記入してください。

担当者名	

法人番号	

Ⅰ　製品区分について

平成　年１月１日～12月末日の１年間に製造した製品区分の全てに、○印を記入してください。

製品区分	該当(○印)	調査の該当事項
製材品 (ラミナを含む。)		⇒　Ⅱ及びⅢの調査事項に回答してください。
木材チップ (燃料用を除く。)		⇒　Ⅱ及びⅣの調査事項に回答してください。
合単板		⇒　Ⅱ及びⅤの調査事項に回答してください。
ＬＶＬ (単板積層材)		⇒　Ⅱ及びⅤの調査事項に回答してください。
集成材※		⇒　Ⅵの調査事項に回答してください。
ＣＬＴ※ (直交集成板)		⇒　Ⅵの調査事項に回答してください。

(注)該当する製品区分の全てについて回答してください。
　※集成材及びＣＬＴを製造する工場において、集成材及びＣＬＴ向けのラミナを自工場で製造している場合は、製材品の調査事項についても回答してください。

Ⅱ　素材入荷量について　（平成　年1月1日～12月末日の1年間について記入してください。）

1　素材入荷量

単位：㎥

区　分	素材入荷量 ①	転売したもの、賃びき(賃加工)に出したもの ②	手持ち材素材入荷量 ①－② (A)
合　計			
製材用			
チップ用			
単板用			

(注) 素材入荷量には、製品を製造するために工場土場に入った素材(輸入木材含む。)の量を記入してください。

2　素材消費量

単位：㎥

合　計	手持ち材消費量	賃びき(賃加工)材消費量 (B)
＼	＼	
＼	＼	
＼	＼	

(注) 素材消費量は、再製材したものを除きます。

3　材種別素材入荷量

単位：㎥

区　分	合　計 (A+B)	国産材計	輸入材計
合　計			
製材用			
チップ用			
単板用			

(注) 単板用には、合板用及びLVL用の量の合計を記入してください。

単板輸入材のうち針葉樹

4　素材在庫量

単位：㎥

年初在庫量	年末在庫量

5　樹種別、生産都道府県別素材入荷量

単位：㎥

国産材	樹種別計	生産都道府県別
あかまつ・くろまつ	製材用	
	木材チップ製造用	
	単板製造用	
すぎ	製材用	
	木材チップ製造用	
	単板製造用	
ひのき	製材用	
	木材チップ製造用	
	単板製造用	
からまつ	製材用	
	木材チップ製造用	
	単板製造用	
えぞまつ・とどまつ	製材用	
	木材チップ製造用	
	単板製造用	
その他針葉樹	製材用	
	木材チップ製造用	
	単板製造用	
広葉樹	製材用	
	木材チップ製造用	
	単板製造用	

6　輸入材地域別素材入荷量

単位：m³

区　分	南洋材	米　材	北洋材	ニュージーランド材	その他
製材用					
うち半製品					
チップ用					
単板製造用					

Ⅲ　製材品について　（平成　年1月1日～12月末日の1年間について記入してください。）

1　製材用動力数

製材用動力数

.　kW

（注）製材用動力とは、製材機用だけでなく、製材に関係ある動力は全て含みます。

2　製材品の用途別出荷量

単位：m³

区　分	合　計	建築用材計	板　類	ひき割類	ひき角類
合　計					
国産材					
うち人工乾燥材					
輸入材計					
うち人工乾燥材					

区　分	土木建設用材	木箱仕組板 梱包用材	家具建具用材	その他用材
合　計				
国産材				
うち人工乾燥材				
輸入材計				
うち人工乾燥材				

（注）製材品の用途別出荷量には、各種兼業に振り向けたもののほか、賃びきによる製材品も含めてください。
集成材及びCLTを生産する工場が、自工場で素材からラミナを生産し自ら消費している場合、ラミナの消費量を出荷量として記入してください。

3　製材品の自県・他県別出荷量

単位：m³

合　計	自県に出荷	他県に出荷

（注）製材品の自県・他県別出荷量には、兼業に振り分けたものや賃びきしたものを含めないでください。

4　製材品の在庫量

単位：m³

年初在庫量	年末在庫量

Ⅳ　木材チップについて　（平成　年1月1日～12月末日の1年間について記入してください。）

1　木材チップの入手区分別生産量

単位：t

区　分	合　計	素材（原木）	工場残材		林地残材	解体材・廃材
			自工場から振り向けたもの	他の工場から購入したもの		
合　計						
針葉樹						
広葉樹						

（注）木材チップの入手区分別生産量は、自工場分のみを記入し、自社他工場分などは入れないでください。また、絶乾重量（t単位）により記入してください。

2　木材チップの在庫量

単位：t

年　初	年　末

Ⅴ　合単板及びＬＶＬについて　（平成　年１月１日～12月末日の１年間について記入してください。）

１ 単板消費量

単位：㎥

区　分	合　計	自社生産		他社から購入	
		国産材	輸入材	国産材	輸入材
合　計					
合板用					
ＬＶＬ用					

(注) 自工場分のみを記入し、自社他工場分などは入れないでください。

２　普通合板の生産量

単位：㎥

区　分	合　計	６㎜未満	６～12㎜未満	12～24㎜未満	24㎜以上
合　計					
うち針葉樹					
うち構造用					

(注) うち針葉樹には、全針葉樹合板のみを記入し、複合合板は除いてください。

３　普通合板の在庫量

単位：㎥

年　初	年　末

４　特殊合板の生産量

単位：㎥

生　産　量

(注) 自工場分のみを記入し、自社他工場分などは入れないでください。

５　特殊合板の在庫量

単位：㎥

年　初	年　末

６　ＬＶＬの生産量

単位：㎥

区 分	合　計	国 産 材	輸 入 材	混　合
合 計				
構造用				
その他				

７　ＬＶＬの在庫量

単位：㎥

年　初	年　末

(注) 混合は、構成する単板に国産材及び輸入材の両方を使用したものについて記入してください。

Ⅵ　集成材及びＣＬＴについて　（平成　年１月１日～12月末日の１年間について記入してください。）

１　ラミナ消費量

単位：㎥

区　分	合　計	自社生産		他社から購入	
		国 産 材	輸 入 材	国 産 材	輸 入 材
合　計					
集成材用					
ＣＬＴ用					

(注) 自工場分のみを記入し、自社他工場分などは入れないでください。

２　集成材の生産量

単位：㎥

区　分	合　計	国 産 材	輸 入 材	混　合
合　計				
構造用計				
大断面				
中断面				
小断面				
その他				

(注) 混合は、構成するラミナに国産材及び輸入材の両方を使用したものについて記入してください。

(注) 断面の大きさは、次の基準で記入してください。
・大断面とは、短辺が15cm以上で断面積が300cm²のもの。
・中断面とは、短辺が7.5cm以上かつ長辺が15cm以上のものであって、大断面以外のもの。
・小断面とは、短辺が7.5cm未満又は長辺が15cm未満のもの。

３　集成材の在庫量

単位：㎥

年　初	年　末

４　ＣＬＴの生産量

単位：㎥

区　分	生 産 量
合　計	
構 造 用	
そ の 他	

５　ＣＬＴの在庫量

単位：㎥

年　初	年　末

入力方向　4571

秘

農林水産省

統計法に基づく基幹統計

木材統計

平成　年木材統計調査

製材月別調査票

（平成　年　　月分）

政府統計

4531

入力方向

担当者名

この調査は、農林水産省で実施している木材統計調査の一環として行うものであり、木材生産についての実態を把握して林業行政の基礎資料を作成することを目的としています。
この調査票は、統計以外の目的には使用しませんので、ありのままを記入してください。

法人番号（法人番号を確認いただき、記入してください。）

・記入には濃い黒い鉛筆又はシャープペンシルを使用してください。
・間違えた場合は消しゴムできれいに消してください。

記入例　0123456789

（この欄は農林水産省で記入します。）

調査年	調査月	都道府県番号	管理番号	工場番号	階層等番号 全数	標本 Ⅰ	標本 Ⅱ	標本 Ⅲ	新設・再開	休業・廃業
20					①	②	③	④	⑤	⑥

単位：m^3

月初手持ち製材用素材在庫量	01
月初手持ち材製材品在庫量	02

1　製材用動力の出力数を記入してください。…………出力数→ 11　kW

注　：製材用機械だけでなく、製材に関係のある機械の動力も含めてください。

単位：m^3

2　製材用素材の入荷量を記入してください。

素材入荷量①	21
転売したもの・賃びきに出したもの②	22
手持ち製材用素材入荷量①－②	23

A

注：1　①の素材入荷量には、製材するために工場土場に入荷した手持ちの素材（長さ180センチメートル以上のもので、輸入材については半製品を含みます。）で、そのうち賃びきを依頼された材や製材以外の用途に使うために入荷した素材を除いた数量を記入してください。
2　②の転売したもの・賃びきに出したものには、前記①の素材入荷量のうち、都合によって素材のまま転売したもの及び他の工場に賃びきを依頼した素材の量を記入してください
なお、大径木を割材(製材品にはしない。)にするだけの賃びきは、賃びきとして扱わないので含めないでください。
3　手持ち製材用素材の入荷量には、上記①の素材入荷量から②の転売したもの・賃びきに出したものを差し引いて記入してください。

単位：m^3

3　製材用素材の消費量を記入してください。

合計	31
手持ち材消費量	32
賃びき材消費量	33

B

注　：大径木を他の工場で割材にさせたものを、自工場で更に製材機にかけて製材した場合は、手持ち材消費量としてください。

単位：m^3

4　樹種別に製材用素材の入荷量を記入してください。

合計（A＋B）	41
国産材計	42
うち針葉樹	43
うち広葉樹	44
輸入材計	45

注　：2の製材用素材入荷量のうち手持ち製材用素材入荷量Aと、3の製材用素材消費量のうち賃びき材消費量Bとの合計について、国産材(針葉樹・広葉樹別)・輸入材別に記入してください。

単位：m^3

5　製材用素材の月末在庫量を記入してください。…………月末在庫量→ 51

注　：月末現在で工場土場に残っている製材用素材のうち手持ちのものについて記入してください。賃びきを依頼された素材や製材以外の用途に使うために、一時的に工場土場にある素材は除いてください。

単位：m^3

6　製材品について記入してください。

生産量	61
出荷量	62
月末在庫量	63

注：1　生産量については、手持ちの製材用素材から製材した製材品と、賃びきを依頼されて製材した製材品の両方を加えて記入してください。
2　出荷量には、手持ち材による製材品で、その月に販売した数量と自家業務用に消費した数量に、賃びき材による製材品の数量を加えて記入してください。
3　在庫量には、月末現在で自工場の製材品在庫量を記入してください。ただし、賃びき材による製材品は除いてください。

7　今後2か月における製材用素材の消費見込量を記入してください。

月	71
月	72

注　：賃びき見込量も含めて記入してください。

（備考欄）　主な調査項目の増減理由があれば記入してください。

御協力ありがとうございました。
月　　日までに下記宛てに送付してください。

秘
農林水産省

統計法に基づく基幹統計
木　材　統　計

平成　年　木材統計調査

合 単 板 月 別 調 査 票

平成　年　月分

政府統計

統計法に基づく国の統計調査です。調査票情報の秘密の保護に万全を期します。

地方農政局等名	
工場番号	

担当者名

法人番号（法人番号を確認いただき、記入してください。）

　この調査は、農林水産省で実施している木材統計調査の一環として行うものであり、木材生産についての実態を把握して林業行政の基礎資料を作成することを目的としています。
　この調査票は、統計以外の目的には使用しませんので、ありのままを記入してください。

1　単板製造用素材について記入してください。

単位：m^3

区　分	月初在庫量	入荷量	消費量	月末在庫量
合　計				
国 産 材				
輸 入 材				

（注）素材の販売量は、入荷量から差し引いてください。

2　普通合板について記入してください。

単位：m^3

区　分	月初在庫量	入荷量	生産量					出荷量	消費量（特殊合板用）	月末在庫量		
			6㎜未満	6～12㎜未満	12～24㎜未満	24㎜以上	合計			計	普通合板用	特殊合板用
合　計												
うち針葉樹												
うち構造用												

3　普通合板のうち、次の品目の生産量を記入してください。

単位：m^3

コンクリート型わく用合板		構造用合板
	うち針葉樹	

（注）各品目は、それぞれ普通合板の内数として記入してください。

4　特殊合板について記入してください。

単位：m^3

月初在庫量	生産量	出荷量	月末在庫量

（注）製造したものが特殊合板に該当するか判断しかねる場合は、農林水産省の担当者にお問い合わせください。

（備考欄）主な調査項目の増減理由について記入してください。

注：1　入荷量には、購入又は自社他工場から受け入れた量を記入してください。

2　生産量には、自工場分のみ記入し、自社他工場分等は入れないでください。

3　出荷量には、出荷先がどこであっても自工場から一旦搬出された普通合板の全てを記入してください。

4　月末在庫量には、自工場内の在庫量のみを記入してください。

5　単位未満は四捨五入して記入してください。

6　普通合板
（1）消費量（特殊合板用）には、自工場での消費量のみを記入し、自社他工場分は入れないでください。
（2）針葉樹には、全針葉樹合板のみを記入し、複合合板は除いてください。

御協力ありがとうございました。

月　日までに下記宛てに送付してください。

秘
農林水産省

平成　年木材流通統計調査

素材・木材チップ価格調査票

平成　　年　　月分

政府統計

統計法に基づく国の統計調査です。調査票情報の秘密の保護に万全を期します。

都道府県名	
整理番号	

この調査は、農林水産省が統計法（平成19年法律第53号）第19条第1項の規定に基づき一般統計調査として実施するものです。

また、この調査票は秘密扱いとし、統計以外の目的に使うことはありませんので、ありのままを記入してください。

担当部署名又は担当者名	

☆記入上の注意：1　当月価格欄には、１５日現在又は１５日に最も近い日の取引価格を記入してください。

2　消費税区分欄には、当月価格が消費税込みの場合には「込み」に、消費税抜きの場合には「抜き」に「✓」をつけてください。

1　製材用素材価格（工場着価格）：土場又は貯木場までの輸送費、積降し費を含んだ価格（1㎥当たり円）を記入してください。

国産・外材別	樹種	材種	規格（径 cm×長 m）	等級	調査銘柄等	当月価格	消費税区分	対前月差	価格変動の要因について記入してください
国産材	まつ	中丸太	24.0～28.0×3.65～4.0	込み		1㎥当たり円	込み □ 抜き □	円	
	すぎ	小丸太	8.0～13.0×3.65～4.0	〃			込み □ 抜き □		
		中丸太	14.0～22.0×3.65～4.0	〃			込み □ 抜き □		
			24.0～28.0×3.65～4.0	〃			込み □ 抜き □		
		大丸太	30.0～36.0×3.65～4.0	〃			込み □ 抜き □		
	ひのき	中丸太	14.0～22.0×3.65～4.0	〃			込み □ 抜き □		
	からまつ		14.0～28.0×3.65～4.0	〃			込み □ 抜き □		
	えぞ・とどまつ	大丸太	30.0～38.0×3.65～4.0	〃			込み □ 抜き □		
外材	米材　米まつ	丸太	30.0 上 × 6.0 上	№3			込み □ 抜き □		
	米材　米つが		〃	〃			込み □ 抜き □		
	北洋材　北洋えぞまつ		20.0～28.0×3.8上	込み			込み □ 抜き □		

2　合単板用素材価格（工場着価格）：土場又は貯木場までの輸送費、積降し費を含んだ価格（1㎥当たり円）、長さについては主要な長さのものの価格を記入してください。

	樹種	材種	規格（径 cm）	等級	調査銘柄等	当月価格	消費税区分	対前月差	価格変動の要因について記入してください
国産材	すぎ	丸太	18.0上	（合板適材）		1㎥当たり円	込み □ 抜き □	円	

3　木材チップ用素材価格（工場着価格）：土場又は貯木場までの輸送費、積降し費を含んだ価格（1㎥当たり円）を記入してください。

	針葉樹・広葉樹別	材種	規格	等級	調査銘柄等	当月価格	消費税区分	対前月差	価格変動の要因について記入してください
国産材	針葉樹	丸太	チップ向け	／		1㎥当たり円	込み □ 抜き □	円	
	広葉樹		〃	／			込み □ 抜き □		

4　木材チップ価格（工場渡し価格）：パルプ工場への輸送費、積降し費を除いた価格（1t当たり円）を記入してください。

針葉樹・広葉樹別	規格	等級	調査銘柄等	当月価格	消費税区分	対前月差	価格変動の要因について記入してください
針葉樹	パルプ向け	／		1t当たり円	込み □ 抜き □	円	
広葉樹	〃	／			込み □ 抜き □		

御協力ありがとうございました。

月　　日までに右記あてに送付してください。

秘
農林水産省

平成　年木材流通統計調査

木材製品卸売価格調査票

平成　　年　　月分

政府統計

統計法に基づく国の統計調査です。調査票情報の秘密の保護に万全を期します。

都道府県名	
整理番号	

この調査は、農林水産省が統計法（平成19年法律第53号）第19条第1項の規定に基づき一般統計調査として実施するものです。
また、この調査票は秘密扱いとし、統計以外の目的に使うことはありませんので、ありのままを記入してください。

担当部署名又は担当者名	

☆記入上の注意：1　当月価格欄には、１５日現在又は１５日に最も近い日の取引価格を記入してください。
2　消費税区分欄には、当月価格が消費税込みの場合には「込み」に、消費税抜きの場合には「抜き」に「✓」をつけてください。

1　製材品価格：

木材市売市場にあっては「せり又は入札による取引価格」（1㎥当たり円）を、木材センター及び木材販売業者にあっては配達のための輸送費、積降し費を除いた「店頭渡し販売価格」（1㎥当たり円）を記入してください。

国産・外材別	樹種	材種	規格（厚cm×幅cm×長m）	等級	調査銘柄等	当月価格	消費税区分	対前月差	価格変動の要因について記入してください
国産材	まつ	平角	10.5～12.0×24.0×3.65～4.0	2級		1㎥当たり円	込み□ 抜き□	円	
	すぎ	正角	10.5 × 10.5 × 3.0	〃			込み□ 抜き□		
			12.0 × 12.0 × 3.0	〃			込み□ 抜き□		
			10.5×10.5×3.65～4.0	〃			込み□ 抜き□		
		正角（乾燥材）	10.5 × 10.5 × 3.0	〃			込み□ 抜き□		
			12.0 × 12.0 × 3.0	〃			込み□ 抜き□		
	ひのき	正角	10.5 × 10.5 × 3.0	〃			込み□ 抜き□		
			12.0 × 12.0 × 3.0	〃			込み□ 抜き□		
			10.5×10.5×3.65～4.0	〃			込み□ 抜き□		
		正角（乾燥材）	10.5 × 10.5 × 3.0	〃			込み□ 抜き□		
			12.0 × 12.0 × 3.0	〃			込み□ 抜き□		
	えぞ・とどまつ	正角	10.5×10.5×3.65～4.0	〃			込み□ 抜き□		
		板	1.2～1.5×21.0～24.0×3.65～4.0	1級			込み□ 抜き□		
外材	米材　米まつ	平角	10.5～12.0×24.0×3.65～4.0	2級			込み□ 抜き□		
	米材　米つが	正角　防腐処理材	12.0 × 12.0 × 4.0	〃			込み□ 抜き□		
		正角　防腐処理材（乾燥材）	12.0 × 12.0 × 4.0	〃			込み□ 抜き□		
	北洋材　北洋えぞまつ	板	1.2～1.5×15.0×3.65～4.0	1級			込み□ 抜き□		

2　普通合板価格：

木材市売市場にあっては「せり又は入札による取引価格」（１枚当たり円）を、木材センター及び木材販売業者にあっては配達のための輸送費、積降し費を除いた「店頭渡し販売価格」（１枚当たり円）を記入してください。

品目	規格（厚cm×幅cm×長m）	類別	調査銘柄等	当月価格	消費税区分	対前月差	価格変動の要因について記入してください
針葉樹合板	1.2 × 91.0 × 1.82	1類		1枚当たり円	込み□ 抜き□	円	

3　集成材価格：

木材市売市場にあっては「せり又は入札による取引価格」（１本当たり円）を、木材センター及び木材販売業者にあっては配達のための輸送費、積降し費を除いた「店頭渡し販売価格」（１本当たり円）を記入してください。

品目	規格（厚cm×幅cm×長m）	等級	調査銘柄等	当月価格	消費税区分	対前月差	価格変動の要因について記入してください
ホワイトウッド集成管柱	10.5 × 10.5 × 3.0	1等		1本当たり円	込み□ 抜き□	円	

御協力ありがとうございました。
月　　日までに右記あてに送付してください。

平成30年　木材需給報告書

令和３年２月　発行　　　　　　　　　定価は表紙に表示してあります。

編集　〒100-8950　東京都千代田区霞が関１－２－１
農林水産省大臣官房統計部

発行　〒141-0031　東京都品川区西五反田7-22-17　TOCビル
一般財団法人　農林統計協会
振替　00190-5-70255　TEL 03(3492)2987

ISBN978-4-541-04354-2　C3061